青少年情商培养丛书

摆脱人生挫折

王洋 著

海峡出版发行集团 | 海峡文艺出版社

图书在版编目(CIP)数据

摆脱人生挫折/王洋著. －福州:海峡文艺出版社，
2017.6(2018.2 重印)
ISBN 978-7-5550-1080-7

Ⅰ.①摆… Ⅱ.①王… Ⅲ.①散文集－中国－
当代 Ⅳ.①I267

中国版本图书馆 CIP 数据核字(2017)第 039678 号

摆脱人生挫折

王 洋 著

责任编辑 何 欣
助理编辑 刘含章
出版发行 海峡出版发行集团
海峡文艺出版社
经 销 福建新华发行(集团)有限责任公司
社 址 福州市东水路 76 号 14 层 **邮编** 350001
发 行 部 0591－87536797
印 刷 福州德安彩色印刷有限公司 **邮编** 350008
厂 址 福州市金山工业区浦上标准厂房 B 区 42 幢
开 本 787 毫米×1092 毫米 1/16
字 数 150 千字
印 张 12
版 次 2017 年 6 月第 1 版
印 次 2018 年 2 月第 3 次印刷
书 号 ISBN 978-7-5550-1080-7
定 价 28.00 元

如发现印装质量问题,请寄承印厂调换

目 录

CONTENTS

不幸是一所最好的大学

　　"存在主义"学者萨特认为人生就是忧愁，他显然是夸大了生活的阴暗面。但如果说生活充满了挫折，应该说是合理的。挫折经常伴随着我们，我们用才能和毅力克服了一个个挫折，从而取得了一个个胜利，便是欢乐。

　　著名的动物病理学家贝弗里奇说："人们最出色的工作往往是在处于逆境的情况下做的。思想上的压力，甚至肉体上的痛苦都可能成为精神上的兴奋剂。"战胜挫折，改变逆境，胜利也就在望了。

　　培根把命运分为幸运和厄运两种。他引用古罗马斯多葛派哲学家塞尼卡的名言"好的运气令人羡慕，而战胜厄运则更令人惊叹"来说明超越自然的奇迹，总是在对厄运的征服中出现的。因此，幸运所需要的美德是节制，而厄运所需要的美德是坚忍，后者比前者更为难能可贵。他还认为，在幸运中可以暴露一个人的恶劣品质，而在厄运中却往往揭示了人最美好的品质。

中国古代著名的史学家司马迁，因替投降匈奴的将军李陵辩护，触怒了汉武帝，受了宫刑，真是厄运加身。他出狱后曾想"引决自裁"，但为了将《史记》写完，他以惊人的坚毅"隐忍苟活"，终于写成了具有巨大历史价值和文学价值的《史记》，成为我国第一位伟大的历史学家。与命运做艰苦斗争，并试图掌握自己命运的另一著名例子是贝多芬。命运对贝多芬太凶恶了，对于一个音乐家来说，哀莫大于耳聋。三十一岁时，贝多芬在给一位友人的信中说："两年来我躲避一切交际，因为我不能对人说：我是聋子。倘若我干着别种职业，也许还可忍耐；但在我的行当里，这是可怕的遭遇。"他时常诅咒自己的生命和自己的造物主，哀叹自己成了上帝最可怜的造物。但是，他说："我却要向我的命运挑战，只要可能。"这或许就是他在几年之后创作《C小调第五交响曲》的直接原因。他自己曾把这部交响曲第一乐章主题的那四个音，形容为"命运的敲门声"。是的，贝多芬一生蒙受的厄运比其他音乐家多得多。童年就得迈出独立谋生的步履，多次失恋的打击，疾病的折磨，听觉的丧失，绝望的苦闷，这一切仿佛都是命运找上门来的一次又一次敲门声。对频频光顾的厄运的敲门声，贝多芬做出了强硬的反应："我要扼住命运的咽喉。它绝不能使我完全屈服。"在《C小调第五交响曲》中，渗透了这种敢于主宰自己命运的坚韧意志和精神力量，全曲以命运主题愈来愈弱和人胜利的凯旋而结束。它成了至今为止以命运为主题的最光辉的交响曲。罗曼·罗兰认为，贝多芬自己的话——"用痛苦换来的欢乐"，正可以总结他的一生。

一般来说，历史不可能让我们中间太多的人成为司马迁、贝多芬，但是，生活肯定会给每个人摆上一份终生的试卷：上面密密麻麻写的是这样或者那样的挫折。超越一次挫折就接近成功一步，但是若被某一个巨大的挫折吞噬了，很难说不会因此毁了我们的一生。

人生永远无法避免挫折，这是确定无疑的。

如何摆脱人生挫折？人生将有哪几方面的挫折？在摆脱挫折的过程中应该注意什么？以下各节文字，将以严肃的思考，细致的分析，许多颇有可读性的正反例子，为您提供某些信息，与您一起探讨摆脱困境的办法。

不幸是一所最好的大学。我愿为您化解愁苦、摆脱挫折，愿幸运降临于您。

热情，能抹去心灵的皱纹

大多数人在走向成功的途中，都遇到或大或小的挫折。

热情是摆脱人生挫折、取得成就的关键。有人说：成功由三部分组成，一部分是才能，一部分是机遇，一部分是热情。成功者的普遍标准是正确估计自己作为胜利者的能力，即使最低水平。这一点为什么如此重要呢？因为每个人都不愿意辜负自己的希望。胜利者一般都有一种想要成功的"火一般烈的热情"，这种品质提供了达到目标所需要的一个条件。

我们必须有足够的热情追求胜利。行动上的"胜利愿望"意味着即使在困境面前也能表现出坚忍不拔的态度和成功的决心。我觉得应给具有热情的人这样下定义："大多数人能坚持两三个月，许多人能坚持两三年，但是，具有热情的人总是坚持到底，直至胜利。"

每个人都有能力在现有的水平上，使生活有所转机，做一个出色的人。这样做的决定就是起点。生活中会发生许多不幸——经营的失败、个人的受伤、家庭的悲剧，所有这一切都潜在地破坏着人的心境。然而，坚忍不拔的人会把这些化为能量继续向前，他们能够在最悲惨的环境下生存，战胜不幸。永远不能说成功是件容易的事，但是，坚忍不拔的人会对其生活的各方面产生影响。

要形成成功的观念，一定要重新学习如何梦想。一定要一次再一次变得振奋、自信和热情。

美国的足球教练阿特·威廉在谈到怎样使一个球队摆脱失败的挫折时说：

"在我当足球教练的时候，接管一个弱队，全是些体重不足、缺乏经验的青少年。这个队久经失败，队员们不愿意穿上运动服去训练。我清楚，在一个季度内，让他们达到体格完善并变成职业足球运动员是不可能的，任何教练也做不到。我唯一能做的就是激发他们的热情，让他们意识到自己是胜利者。

"起初，他们肯定以为我疯了。但是渐渐地他们开始相信我的话，并开始把他们自己当作竞争者。第一场比赛赢了，他们竭尽了全力，什么也阻止不了他们。他们已经形成了胜利的观念。一夜间，他们并没有变，同其他的足球队仍不是一个等级。但他们认为自己是胜利者，并为此全身热血沸腾了，这一观念改变了一切。

"后来，这个小小的足球队赢得了胜利。这件事表明，有了对成功的热情会使情况发生逆转。"

热情，带来的是新天地。热情的人能使令人厌倦的驱车旅行饶有趣味，热情的人能把额外的工作变成机会，热情的人能使互不相识的人成为朋友。

哲学家爱默生曾经留下这样一句名言："没有热情，任何伟大的成就都不可能取得。"热情，它能在你身陷困境时帮助你坚持到底。热情是心灵的呼唤，它能在别人大声吼叫"你做不到"时，高声说"我能做到"！

人生来就有天真热情的好奇心，你要是见过婴孩听见钥匙的叮当声或看到甲虫团团乱转时的那股高兴劲，就会更加明白这一点。

正是这种孩子般的好奇，使热情的人永远充满青春活力。九十高龄的大提琴演奏家帕布罗·卡萨尔斯每天要做的第一件事就是演奏巴哈的作品。当音乐从他指间流出时，他那俯曲的脊背就会挺直，眼睛又会再现昔日那喜悦的神情。对卡萨尔斯来说，音乐就是长生不老的灵丹妙药，它能使生活永远充满激情。

作家兼诗人塞缪尔·厄尔曼曾经说过："岁月能使人皮肤起皱，而失去热情却能使人心灵起皱。"

热情的人总是热爱他所做的一切，从不考虑金钱、头衔或权力，也从不为金钱而工作。

如果我们不能把自己所热爱的工作作为职业，也可以把它们当作自己的业余爱好。国家元首可以学绘画，修女可以跑马拉松，总经理也可以自己动手做家具。

伊丽莎白·莱顿六十八岁才开始学绘画，绘画使她摆脱了至少困扰她三十年的抑郁症，并使她重新找回了失去的热情。

与其为追悔过去而浪费眼泪，不如把泪水变为汗水，去奋力追求未来的目标。

让我们认真地对待生活中的每一时刻，用我们的全部感官，到花园的花草芳香中，到六岁稚童的蜡笔画中，到彩虹那迷人的色彩中去寻找和发现乐趣。

让我们用满腔的热血去拥抱生活吧，它会使我们精神焕发，步伐轻快，青春永驻。

当断不断，反受其乱

优柔寡断、多疑不决，不仅会坐失良机，若在特殊的环境中还会造成巨大的挫折，甚至师败身亡。《东周列国志》第五十四回"荀林父纵属亡师"，说的就是这方面的教训。

公元前597年，楚庄王率军伐郑，郑求晋救援。作为中原霸主的晋国，得知楚伐郑的消息后，磨磨蹭蹭，楚郑交战已三个月了，才派荀林父为中军大将，先谷为副将，率车六百乘，兴兵救郑。晋军从降州出发，刚到黄河边，就得知郑已投降，楚已班师。本来就不想与楚军作战的荀林父，决定返回。可是，自恃先辈有功、自己本事过人的先谷，却违背主将的命令，私自带着手下的人马和赵同等将领，渡过黄河，非要与楚军较量一番不可。面对不听指挥的部属，中军大将荀林父不知所措。下令让其撤回吧，惹不起依仗父辈声望的副将；随之攻楚吧，又觉得未必能胜。万般无奈之际，就糊里糊涂地命令全军一起过河，追击楚军。

楚庄王见晋军追来，主动与晋军讲和，遣使者到晋军营中求见荀林父。使者一到晋军，说明来意，荀林父很快就答应双方媾和。可是，副将先谷却坚决反对，赵同等还把楚军大骂一顿，赵旃拔出宝剑威胁使者说："告诉你们蛮子头儿，你们早晚得死在我们手中。"荀林父对此非但不阻止，反而派了与先谷同一个鼻孔出气的魏锜到楚军营中议和，他不仅不执行使命，还当面挑衅楚军。楚庄王忍无可忍，便下令对晋军发动了突然袭击。荀林父对突变的情况毫无准备，只好下令仓促应战。两军在现在的河南开封混战起来。由于荀林父的优柔寡断，造成将领间不团结，指挥不统一，军队无斗志。楚军上下团结一致，同仇敌忾，英勇奋战。双方战不多时，晋军则死伤一半人马，荀林父不得不下令撤退。先谷那些有勇无谋、好逞能的将军，一旦吃了败仗，比兔子跑得还快。晋军逃至黄河边，因缺乏渡河工具，大部分士兵被淹死，荀林父只好带了残兵败将逃回晋国。

这次晋军败北，自然与先谷骄傲轻敌、不听指挥有关，但作为中军大将的荀林父军令不严、指挥上优柔寡断更负有重要的责任。将帅的决断，一般包括战前决断和临机决断。相比之下，临机决断要比战前决断困难得多。优柔寡断的错误也大都犯在临机之时。晋师出征是为了救郑，后来情况发生了变化：郑国已降，楚兵已退。这时，是追击楚军，还是班师回朝，正需要主将权衡利弊，及时做出新的决断。荀林父既无应变的经验，又无决断的魄力，六神无主，完全被部属的无知拙见所左右，影响了部队的作战行动。

更多的优柔寡断，是日常生活中的左右为难、不知所措。那与对待类似战争这样的特殊情况又不大一样。

人们之所以优柔寡断，因为他们总希望做出正确的选择，以为通过推迟选择便可以避免犯错误，从而避免忧虑。如果做决定时能够抛开僵化的是非观念，那你将轻而易举地做出决定。如果你在报考大学时竭力要做出正确的选择，则很可能不知所措，即使做出决定后，也还会担心自己的选择可能是错误的。因此，我们是否可以改变自己的思维方法："所谓合适的学院是不存在的。假如我选择甲学院，可能会出现这些情况；可要是我选择乙学院，则会出现另一些情况。"这两者都谈不上正确或者错误，仅仅是有所不同而已。无论是选择甲学院还是乙学院或者其他学院，都不会得到任何保证。这里，关键的是不能有太多的时间犹疑，而要快速地做出决断。一旦决断了，就不宜再动摇，否则，后果是十分可怕的。

当然，我们反对优柔寡断，并不意味着提倡鲁莽武断，因为任何果断都是建立在知己知彼的基础上。离开了这个基础，凭主观臆断，一意孤行，也必然同优柔寡断一样走进死胡同。

《老人与海》：
成功乎？失败乎？

充实完美的人生和一篇严谨而又充满诗意的论文一样，也有论点、论据、论证。即所谓确立人生的目标，围绕目标在人生历程中做出与目标相吻合的努力，你为他人、为后世留下了什么。

从一定意义上说，目标的确立并不是很难的。孩童都会声称自己长大了要当将军，要当科学家、文学家。可是，人生的目标是永远，又有几个人将事业伴随着生命走向无极呢？无数的人选择了美丽的目标，同样，无数的人痛苦地放弃了目标。

对目标的放弃，并不仅仅因为对目标的厌倦，谁不渴望成功呢？人们往往因为无能为力，因为缺乏自我的"目标管理"，在事业上碰得头破血流之后，痛感人生的劳累，不得不"厌倦"。我把这归纳为人生的"论据"问题——有了目标，但没有围绕人生目标进行设计和控制的能力。大家都知道，论据应该围绕论点，游离于论点的内容，无论怎样吸引人，都应该毫不留情删去。有了人生的奋斗目标，就应该确立自己的人生任务，三十怎样"而立"，四十如何

"不惑"。所谓"鱼，我所欲也；熊掌，亦我所欲也，二者不可得兼，舍鱼而取熊掌者也。"当然，话说回来，说"舍鱼"是容易的，可真的"舍"起来，倒怪心疼的呐！理智上也知道不舍不行，情感上却通不过，意志很脆弱，无法把认识到的事情付诸行动。

前几年，本人年轻气盛，脑子里常常有这样大无畏的意念：这事我想办了，就非办成不可！比如，曾下决心两年写一部长篇，三年炮制一部理论著作……后来，碰得焦头烂额了，才意识到，有的设想，是我一辈子实现不了的；有的则是五年、十年内无法达到的境界。人生有种种局限，我原来的"唯意志论"，实则是"唯意气论"。

早先极佩服海明威的《老人与海》，他写一位老人与惊涛骇浪斗个你死我活，凭一条小船，把大鲨给拖回来了。然而，一路上鲨鱼肉却被别的鱼吃得精光，拖回来的只是一副骨头。老人捕了一个空，是个失败的英雄。我曾认为这老人是绝对的胜利者，管他有没

有捕到鱼，他的意志胜利了。于是，我也不论本人有多少斤两，贸然动笔写作长篇，管他怎样乱七八糟，反正我奋斗了，对得起自己了，失败了也是胜利。待掉了几斤肉，赔了许多生命（时间）以后，才渐渐发现，自己好比在水上骑自行车一样，是做局限以外的梦，是堂吉诃德式的自我感觉，高级的阿Q精神。失败就是失败，哪有什么失败的胜利？这下，对海明威笔下的那位老人似乎有点儿不恭了。现在看来，他也是叔本华"唯意志主义"的悲剧人物，是个没有意识到自身局限的失败者。一条破船，明知道无力捕鲨鱼，偏要捕，捕一个幻觉的胜利。倘若他实事求是，意识到自己没有足够的条件和能力，不捕鲨鱼，只捕带鱼或黄瓜鱼，他不是对社会有实在的贡献吗？

一个人既有长处，也有短处。无论是谁，都生活在一个局限中。从前，我们讲人才的自我认识，多讲自己的行，少讲或不讲自己的不行。就像卫星可以上天，却不能彻底消灭蚊子一样，应该说人生有许多"不行"。要充分了解自己脚下这块土地，是适宜栽松柏还是适宜种水稻。不要在自己所短处，仅凭一厢情愿，强己所难，那样就好比旱地插水稻而河边植松树，不会有好收成。

我不是鼓吹消极处世，轻于创造，而是提倡科学处世，善于创造。要在自己局限范围内认识自己、发展自己，以最大的毅力和务实的态度，让自己的才能发挥到极限。历史上有很多人正因为不知自身的局限而遭挫折甚至湮没。

"通向胜利之路是果敢的行动，而不是坐而论道"

阳明学，是指中国明代王阳明所创立的哲学流派。"破山中贼易，破心中贼难"，便是他的名句之一。阳明学者的共通之处在于：认为可取的事情，就应立即付诸实施。所以阳明学派又称为行为派或者事功派。

行动，行动，再行动。行动的过程就是摆脱挫折的过程。

在今天的公司经营行列中，尽管不识阳明学为何物，但那样行动并取得成功的人不计其数。只是空想而不付诸实施，那一定是因为还存在着某种欠缺之处。常听到有人自我夸耀说："这个我也曾考虑过"，"这主意是我想出来的"等等，这是一种失败者的言论。唯有对设想真正付诸实施的人，才是值得称道的。

在日本，有"熟虑断行"这样一句话。无论多么美妙的想法，当然要先仔细推敲一番，看看是否有什么纰漏之处，如果认为已经是周密无误了，就要立即采取行动。一旦被别人抢了先，那是扼腕顿足也悔之晚矣。

不过，不管多么完美的计划，其中都可能隐含着某种漏洞。在这种时候，掌握阳明学的人就会边突进边思考，边思考边修正路线，使工作得以完成，所谓知行合一。对于摆脱挫折来说，也同样需要这种方法，逐一考虑下一步的行动，一旦下决心"干"，就应当立即付诸实施。即使事情没有按自己设想的那样顺利进行，也不要止步不前，而是要想办法打开局面。

"通向胜利之路是果敢的行动，而不是坐而论道。"

"边行动边修正，危机便会逐渐消除。越是在事态缓和的时候，越要聚精会神。"

这是意大利思想家马基亚维利的格言。他在著作《君主论》中还写道：我们不能"探求所有的可能性，踌躇不决"。

马基亚维利的上述言论与中国的阳明学极其相似。不要做行动的矮子，不要做言语的巨人，这是一切成功者的共同特征。

法国伟大的思想家卢梭在步入中年时，经过少年激昂慷慨、酣畅淋漓的醉心道德和冥想深思，有了一个根本的变化，令人刮目相看。他在自传《忏悔录》中说："我那突如其来的辩才就是从这里产生出来的，那种真正自天而降、燃烧我心灵的烈火也就是从这里散布到我的初期作品里的，而这种神奇之火，在前四十年中一直不曾迸发出些微小的火星来，因为它那时还没有被点燃。"他真的变了，他已经不再是那个腼腆、羞涩，过于谦逊，既不敢见人，又不敢说话，人家谈一句笑话他就感到手足无措，女人看一眼就羞得面红耳赤的人了。"我又大胆，又豪迈，又勇敢，到处显出一种自信，而这种自信，唯其是质朴的，不但存于我的举止之中，主要还存于我的灵魂之内，所以就越发坚定。"他既是思想的巨人，又是行动的巨人。

美国作家海明威也是一个力求知行合一的人。他在给友人的信中说："我，从十六岁起就一直自信在许多方面都是冠军。写作不过是其中之一，是我选择自己来安排自己的。"他确实是一个"一心想当冠军"的进取者。在二十岁时，他作为美国红十字会的志愿人员，参加了意大利与奥地利的战斗，六个星期内接连两次负重伤，其中一次是为了救一位意大利伤员。为此，他被意大利政府授予战争十字勋章。

在写作上，他也一心想当冠军，并以屠格涅夫、莫泊桑等人为假想的对手。成名后，他在接受一位记者采访时这样说道："20年代我就赢得了冠军头衔，三四十年代保住了这一称号。很年轻的时候我就打败了屠格涅夫，然后经过刻苦训练，我又击垮了莫泊桑先生！"海明威在写作上，果然获得了冠军。他的小说《老人与海》荣获诺贝尔文学奖。

知行合一，把设想付诸实施，像海明威这样，想当冠军，并努力去当冠军，这便是成功之道。相反，只知不行，当然是一事无成了。

跟着自己的兴趣走

寸有所长，尺有所短。人不仅各有所志，也各有长短。"骏马能历险，力田不如牛；坚车能载重，渡河不如舟。"宝剑虽然锋利，给木匠做活却不如斧凿。人才也是这样，各有所长，也必有其短。有的人会组织管理，适合做管理工作；有的人善言谈，教学为长；有的人虽然舌笨嘴拙，钻研学问却很精深，就适合做研究工作……由于每个人的生活环境和受教育的程度不同，知识结构和兴趣爱好不一样，表现出"这方面长，另一方面短"，是正常的现象。古人说：至宝必有瑕秽，良工必有不巧。要求人才无所不能，样样知晓，是不切实际的。老幼皆知的诸葛亮是刘备得力的军师，可是如果让他去提刀杀敌，就大大不如关羽和张飞了。《水浒传》中的李逵，在水里被张顺淹得直翻白眼，但在岸上相争，张顺却不是李逵的对手。这就叫各有其能，能各有其用。某些优秀的科研人才不一定就是好的管理人才，不一定能做好组织工作和思想政治工作。某些政治家或外交家也不一定能指挥打仗。由此可见，人才各有长短，取长弃短理所当然。古人说得好："舍长以就短，智者难为谋。"如果让花和尚鲁智深去刺绣，林妹妹疆场拼刺刀，岂不坏事！只有扬长避短，才能使各种人才"八仙过海，各显其能"。

谁都知道应该扬长避短，这在理论上是不成问题的。问题是，我们往往不知道自己长在哪里，短在何处，甚至把长当作短，把短当作长，瞎干一场，造成这样那样的挫折。历史上很多人失败的教训，不在于他们没有知识和才能，而在于他们没有远见卓识；不在于他们没有献身的热情，而在于没有找到为之献身的具体事业目标。于是东一榔头西一棒，到处都撒了一点胡椒面，最终还是一事无成。这不能不算人生一大悲剧。

辣椒和冬瓜都有根、茎、叶。它们很善于自己设计自己。它们的根都伸入土中吸收养分，但吸收的种类和比例却大不相同。它们身上的主要元素虽然都是碳、氢、氧、氮，然而组成结构及其他成分却不一样。于是，辣椒、冬瓜各结其果。辣椒苗很有自知之明，从来就没想到自己要结个冬瓜。它的目标很明确坚定，与辣椒无关

的东西它一概不要。我们要想成功，难道不可以从中受到启发吗？

爱因斯坦说过：热爱是最好的老师。达尔文学医学、数学、神学都应算"慢班"学生，可对打猎、旅行、搜集标本却有特殊的喜好。人们没有想到，"不务正业"的爱好，却成为他登上科学高峰的一条捷径。原子核物理学家卢瑟福热爱放射性，他要求自己的研究生阿波莱顿也研究放射性。但阿波莱顿说："不，我要逆你而行。"选择了自己热爱的无线电。后来在卢瑟福指导下，他终于发现了电离层，获得了诺贝尔奖。这都是扬长避短而获成功的有力证明。翻遍所有的科学史，哪一个成功的课题不是研究者自己选定的？翻遍所有的文学史，有哪一本名著是别人给他规定的主题？选择自己的具体目标，必须是自己热爱的，情不自禁想去从事的。谁迷上你就选谁，君既爱之须纵情。

心理学研究证明：一个人的爱好，往往并不是单一的。爱好可以培养，可以转换。爱好并不等于擅长，而擅长必定是爱好。如果客观环境使某一爱好得不到发展，你还可以换一样，发展成擅长。有些专业离开实验设备便休想成功。李政道上西南联大时，学校仪器极少，他还弄坏了一台，由此，他看清了在那个时代要做实验科学家是不行的，于是决定搞理论物理学。叶永烈是学化学的，但毕

业后的电影制片工作很难搞化学科研，而他又爱好文学，于是在从事科教电影工作的同时，他不停笔地写作，发展成为一个科普作家。京剧演员周信芳嗓子不好，有些沙哑，他自知不能唱小生，便自我设计，创立了自己的"沙"派唱腔，演老生，使人拍手叫绝。

试想，达尔文如果还搞神学之类，阿波莱顿假如也研究放射性，叶永烈倘若还学化学，周信芳要是仍唱小生，那也许终生都是失败。

胡适强调"跟着自己的兴趣走"，实际上是说跟着自己的专长走。他说："譬如一位有作诗天才的人，不进中文系学作诗，而偏要去医学院学外科，那么文学院便失去了一个一流的诗人，而国内却添了一个三四流甚至五流的饭桶外科医生，这是国家的损失，也是你们自己的损失。"

任何一个人，都或多或少会有自己的一点长处。愚者千虑，必有一得。这一得之功，一技之长，或许正是别人之短。别人难能者，我能之，岂非得天独厚也哉！我是冬瓜苗，决不打算结辣椒。冬瓜虽不红，却比辣椒大。各自有长短，各自显神通。偌大一个中国，哪种人才不需要？

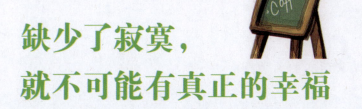

缺少了寂寞，
就不可能有真正的幸福

每个人在内心深处或多或少都有某种孤独感。

有时，当你置身在车水马龙和喧闹的人群中，你反而感到特别孤独，这也许是由于在某种时候丧失了精神家园的原因吧。

孤独并不是一件坏事。也许，人才在教室、课堂里培养，天才则在孤独中成长。因为孤境会使一个人处在一种自我发现的紧迫状态。闻名于世的当代意大利电影明星索菲亚·罗兰就说过："在寂寞中，我正视自己的真实感情，正视真实的自己。我品尝新思想，修正旧错误。我在寂寞中犹如置身在装有不失真的镜子的房子里。"

一个蜚声于世界影坛，陷入千百万观众和崇拜者重重包围之中的表演艺术家，居然会深感孤独，而且还喜欢寂寞，真是不可思议！

索菲亚·罗兰认为，形单影只是她同自己灵魂坦率对话和真诚交往的绝好机会。孤独是她灵魂的过滤器，它使她恢复了青春，也滋养了她的内心世界。所以她说："我孤独时，我从不孤独。我和我的思维做伴，我和我的书本做伴。"

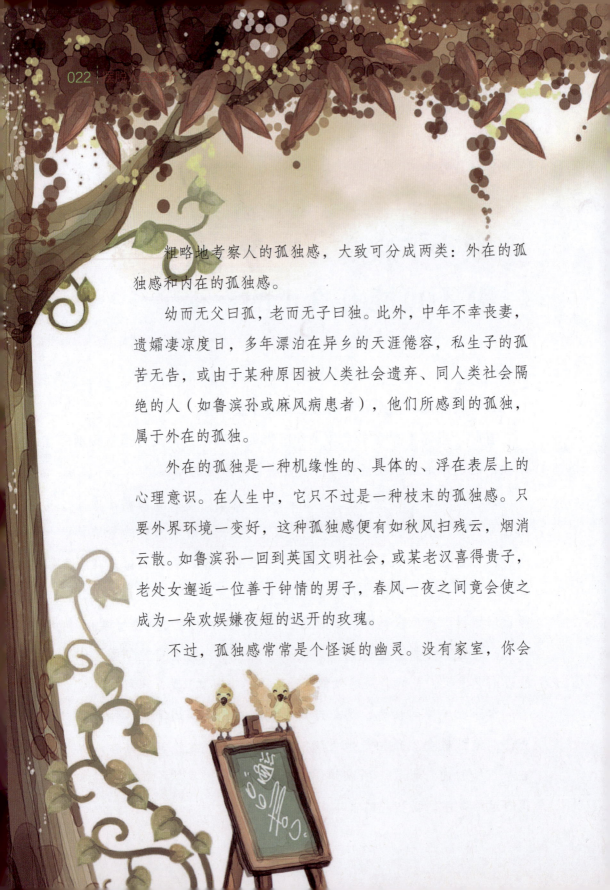

粗略地考察人的孤独感，大致可分成两类：外在的孤独感和内在的孤独感。

幼而无父曰孤，老而无子曰独。此外，中年不幸丧妻，遗孀凄凉度日，多年漂泊在异乡的天涯倦容，私生子的孤苦无告，或由于某种原因被人类社会遗弃、同人类社会隔绝的人（如鲁滨孙或麻风病患者），他们所感到的孤独，属于外在的孤独。

外在的孤独是一种机缘性的、具体的、浮在表层上的心理意识。在人生中，它只不过是一种枝末的孤独感。只要外界环境一变好，这种孤独感便有如秋风扫残云，烟消云散。如鲁滨孙一回到英国文明社会，或某老汉喜得贵子，老处女邂逅一位善于钟情的男子，春风一夜之间竟会使之成为一朵欢娱嫌夜短的迟开的玫瑰。

不过，孤独感常常是个怪诞的幽灵。没有家室，你会深感孤独；结了婚，你的孤独也许会更深沉。不用说，这后一种孤独感便是处在更深层次上的内在的孤独感。

内在的孤独感是一种深层次上的心理意识。它常常是朦胧的、说不太清楚的。正因为说不太清楚，所以具有一种根本的、永恒的、无法驱散的哲学性质。如果说，在佛学上有"根本烦恼"一说，那么，内在孤独感便是地球人与生俱来的"根本孤独感"。即便你是身处车如流水马如龙和灯红酒绿的人群之中，或者你在生日晚会上，在伉俪缱绻之情的蜜月旅行或在儿女绕膝的天伦之乐中，这种"根本的孤独感"也丝毫不会散去、不会淡化。这恰如漂泊在太平洋上，被一片汪洋包围着的一位遇难者，却时时处处感到难以忍受的口渴。比如，陷于狂热观众包围之中的艺术家们往往就是最孤独的。这包围圈，自己一切的一切（包括私生活）都在众目睽睽之下，自己被淹没了，找不到自己了。

大凡有根本孤独感的人，思想感情多为深沉者。因为他们有独

特的见解和个性，不为当时社会和同时代人所容，在任何场合下他们都有与众不同的表现与格局，对世界和人生都采取奇异的态度，故内心隐隐约约有一种难以排遣的孤独感。当他们一旦陶醉在科学、艺术和哲学的创作中，他们才感到实实在在的平安、温暖和满足。

比如，18世纪法国博物学家拉马克，在他的青年时代，为了排遣内外孤独感，只好打开天窗，观察各种形状的云彩，并给它们分类和命名，为近代气象学做出了贡献。

高尔基论及罗曼·罗兰的孤独感是意味深长的："一个人越是不同于凡俗就越伟大，也越孤独。这是非常不幸的……对于罗曼·罗兰这样的人，孤独使他更加深刻、更加明智地观察生活的高度。"

在人类少数天才人物身上，包括伟大政治家，根本孤独感几乎是一种不治之症。这种孤独感伴随着一种根本的忧郁和惆怅。企图抗衡、冲决报复这固结着的孤独感，便成了人类从事文化创造的一种最顽强的定力和内驱力。

耐住孤独，埋头创造，将走向成功。反之，难耐孤独，沦于庸俗，当然是无所作为了。

孤独感是创造的源泉，但孤独毕竟是痛苦的。也许，我们的事业很快可以走向成功，但由于耐不住孤独，承受不了痛苦，也就夭折了。浅薄的、廉价的感官享受，远不如处在根本的孤境中并力图去冲决它来得幸福。这是不断超越自己、超越时空局限的崇高幸福。

缺少了寂寞，就不可能有真正的幸福。

在孤境中当然不是沉沦，不是被埋葬掉，而是无比激越和奋发。

猴子下棋与纪昌学射

事业的成功，一定是由于专心致志，滴水穿石；事业的挫折，往往是三心二意，心猿意马。

明朝王兆云《说圃识余》中有一则《猴子下棋》的寓言：青藏高原上，耸立着一座云雾缭绕的山峰，上面长着一株千年老树。每天，总有两个仙人飘然而至，坐在浓阴下聚精会神地下棋。

仙人们的行动，吸引了深山密林里的一只老猴子，它怀着浓厚的兴趣，悄悄溜到树上，从繁茂的叶子中间窥视仙人们精湛的棋艺。日子长了，聪明机灵的猴子逐渐学会下棋的窍门，掌握了投子布局的奥妙。

后来，仙人们的行踪被山民知道，许多人怀着好奇心，奔上山来观看。可是仙人避尘绝俗，不等人们赶到就隐去了。

这时，躲在树上偷艺的猴子技痒难熬，忍不住从树上跳下，招呼人们同它对弈。猴子的棋术极为高超，神秘莫测，世所未见，在场的人都远不是它的对手。消息传开后，当地的棋手不畏山高路险，纷纷赶来同猴子比艺，结果无一取胜。

地方长官认为这事很稀奇，就把猴子当作珍奇的贡品，运送京城，奉献给明朝皇帝。皇帝命令朝廷的文官武将都来同猴子较量。不料，无人能与之匹敌。

皇帝十分震惊，下诏征求国内著名棋手。诏书发出后，海内棋坛名将从四面八方云集京城。他们轮番与猴子比赛，仍然不能取胜。

这怎么办呢？正在皇帝觉得束手无策时，左右提醒说：大臣杨靖擅长下棋，而且智慧非凡，何不找他来试试。那时，杨靖受事牵连，正坐狱吃苦。皇帝特赦他出狱，命与猴子最终决一输赢。

杨靖受命后，请求皇帝赐给他一个果盘和十几个鲜桃，皇帝同意了。于是，一场决定双方命运的比赛开始了。杨靖把摆满桃子的盘子放在自己的面前，然后心平气和地下起棋来。那猴子目视鲜桃，抓耳搔腮，馋得直咽口水。结果连比三局，猴子都败给了杨靖。

皇帝十分恼怒这只馋猴，命令武士用铁锥击杀了。

猴子从仙人处学得神异的棋术，战无不胜，可是杨靖把一盘桃子放在它的对面，它就心猿意马，不再集中精力下棋，终于输棋丧命。这则寓言告诉我们，就算掌握超人的技能，如果被眼前利益所引诱，不专心致志，高手也会被低手战胜。

我们再看一个相反的例子，《列子》中《纪昌学箭》的故事。

飞卫射得一手好箭，纪昌就跑去请教他，跟他学。飞卫对他说："你要学好箭，先要下功夫练好眼力。要牢牢地盯住一个目标，不能闪一闪眼！"

纪昌回家之后，就开始练习起来。当他妻子织布的时候，他就躺在织布机底下，睁大眼睛，注视着来来去去的梭子。

这样过了两年。纪昌的功夫学得相当到家了——就算有人用针刺他的眼皮，他还是圆圆地睁着眼，一眨也不眨。

纪昌对自己的成绩很满意，以为学得差不多了。一天，他再去看飞卫，把练习的经过和成绩告诉他。飞卫听了，又说："你还要回去多多练习眼力，要做到能把极小的东西，看成一件老大的东西，等到那时候，你再来见我。"

纪昌记住师父的话，回到家里，又开始练习起来。他用一根长头发，缚了一只虱子，吊在窗口，每天站在那里，一心一意地注视着那只虱子。

练到后来，那只缚在头发上的小虱子，在他的眼睛里，一天天地大起来了，大得像车轮一般。

纪昌再跑去见飞卫，把练习的经过告诉他。飞卫听了，很高兴地拍拍他的肩头说："你已经成功了！"于是，飞卫开始教他怎样拉弓，怎样放箭。后来，纪昌成为百发百中的高手。

　　纪昌成为射箭能手的诀要，就在于他专心致志，在专心的人眼里，小虱子居然可以变成车轮。这不纯粹是神话，从象征意义上说，虱子都可以变成车轮，那还有什么事办不到呢——只要我们不心猿意马。

　　一个人要做到专心致志，并勤勉终身，并不是一件容易的事。有的人也想成才，并且经常幻想，没有行动；也有的人谈起理想，美丽动人，可惜总是空谈，不下苦功；还有的人壮志凌云，也能苦干，可又时冷时热，一曝十寒。

　　那么，怎样才能持之以恒呢？

　　首先，必须充分认识到任何成功都来之不易。

　　立志容易成才难。成才之路漫长而艰苦。无论是从事自然科学还是社会科学，无论是打仗还是做工，谁想在自己的工作中干出成绩，就必须经过刻苦学习，潜心研究，付出繁重的脑力劳动或体力劳动。世界上从来没有不费力气唾手可得的成功，也没有一蹴而就的事业。这里有一份几十年如一日专心致志搞学问的记录：

　　曹雪芹写《红楼梦》花了十年；

　　司马迁写《史记》花了十五年；

　　达尔文写《物种起源》花了二十年；

　　李时珍写《本草纲目》花了二十七年；

　　马克思写《资本论》花了四十年；

　　歌德写《浮士德》花了六十年……

　　这些名家大师为自己的成果和荣誉付出了多少艰苦卓绝的劳动！

　　理想之树要用汗水浇灌。只在河边上沉思默想的人，永远也捞不到珍珠。幻想和空谈于事业无益，勤奋才能使人如愿以偿。只有你认识了事业的艰辛和成功之不易，你才会不辞辛苦，勤奋不息。

其次，必须树立事业心，培养毅力，克服惰性。

勤劳是理想的翅膀，懒惰与成功是无缘的。勤快的人留下智慧和力量，懒散的人留下空虚和懊悔。任何人想要有所建树，必须和懒惰做斗争。

英国神经生理学家科斯塞利斯和米勒最近的研究证明：人的大脑受训练越少，衰老得越快。懒惰对事业和健康都没有好处。美国科学家富兰克林说过："懒惰像生锈一样，比操劳更能消耗身体，经常用的钥匙总是亮闪闪的。"我们一定不要放松自己，而应严格要求自己，只有战胜自己的惰性，才能养成勤劳的习惯。

战胜惰性，需要毅力。顽强的毅力来源于强烈的事业心。事业心是人们生活的动力。我们只有树立远大的理想，具有坚强的毅力，才能百折不挠，勤奋不懈。如果胸无大志、缺乏毅力，做起事来，难免三天打鱼两天晒网。这样，理想就会成为泡影。成功总是属于专心致志而又坚持不懈的人。我们只有坚忍不拔、勤奋不懈，才能成就大业。

"掘井九仞而不及泉，犹为弃井也"

在已经接近目标时却因为意志薄弱而功败垂成的人，是一群可怜虫。中途放弃，乃是不成器者的典型。可以说，他们是一群永远体验不到成功喜悦的不幸者。

中国有这样一句成语："为山九仞，功亏一篑"，意思是说，要想堆造九仞之高的一座土山,结果却因差最后一筐土而未能成功。这个成语告诉我们：不论做什么事情，一旦缺少最后一笔，最后一步，最后一招儿，便会前功尽弃，劳而无获。

没有结论的论文，缺少封面的书刊，都算是无用之物。据说在画真鲷、飞龙时最后是要点睛的，不画上眼睛就不能算完成，"缺乏点睛之笔"指的就是这个。《孟子》中说："掘井九仞而不及泉，犹为弃井也。"不单是掘井，做任何事情，都应该贯穿始终。

欧美的一些伟人也都曾经指出，做任何事情都不能半途而废，下面就介绍几条与之有关的名言：

以《庞贝的末日》而闻名的英国政治家兼作家利顿说："一般

而言，干事业所必需的，并非力量，而是完成事业的决心。"就是说，不独金钱与实力，韧性与努力也是十分重要的。

被称为"钢铁大王"的美国实业家卡内基说："成功并没有什么窍门可言，我不过是将全部身心都投入了自己的工作而已。"卡内基出生于苏格兰的一个小农之家，后随全家移民美国。此后，他历经艰辛，几乎干遍了各种各样的工作：线工、司炉、机械工、邮信技术员、铁路工人乃至火车站站长等等。是谁使得卡内基拥有了巨额财富？可以说，是他自己不屈不挠的精神。

英国政治家迪斯雷利说："成功的秘诀在于目标的始终如一。"意思是说，做任何事情一定要坚持初衷，不忘初心，一干到底，若中途变换目标，本来可以成功的事情也会一无所成。

如有可能的话，目标越大越好。树立远大目标，进而为之不懈努力，乃是人生的一大乐趣。在这一过程中，也许会出现几次危机，遭受几次挫折。每当这种时候，你就应该想到自己的目标远大，不应为小事所困扰，应有一种"燕雀安知鸿鹄之志"的英雄气概。

不过，在树立远大目标、制定长期计划的同时，还要随时注意准确地把握时代的脉搏。落后于时代的旧事物，不管你如何拼命地去干，到头来也只是徒劳无益。

意志是人自觉地确定目的，并支配与调节自己的行动，从而达到预定目的的心理活动。半途而废是意志薄弱的表现，因此，我们要努力培养自己的坚定意志。

意志品质与摆脱挫折有着密切的关系。培养意志品质对每个立志成才者都是非常必要的。我们应该着重培养哪些意志品质呢？主要有以下四个：

一、自觉性。这是人对自己行动的目的有着正确而充分的认识。比如，技术员对技术革新有着高度的自觉性，这使他们在生产上做出了重要贡献。

二、果断性。这是指一个人善于明辨是非，能够当机立断，做出决定并把决定贯彻始终。军事指挥员、运动员、飞行员等等特别需要这种品质。

三、坚持性。这指的是不半途而废的坚韧毅力。"绳锯木断，水滴石穿"的精神，就是这种品质的表现。

著名科学家贝弗里奇说："几乎所有有成就的科学家都具有一种百折不回的精神，因为大凡有价值的成就，在面临反复挫折的时候，都需要毅力和勇气。"法国细菌学家、近代微生物学奠基人巴斯德说："告诉你使我达到目标的奥秘吧，我唯一的力量就是我的坚持精神。"

无论什么人，立志无常，不能坚持到底，是无法成才的。

四、自制力。这是指一个人在行动中善于控制自己的情绪，约束自己的言行。

通过上面的分析可以看出，培养自觉性、果断性、坚持性和自制力是摆脱人生挫折的重要保证。

拖延，
软弱者害怕现实的一种手段

　　拖延时间是生活中十分常见的一种现象。有的人甚至每天都要对自己说："我的确应该做这件事了，不过还是等一段时间再说吧。"虽然从长远的观点看，拖延时间将造成不应有的挫折，然而很少人能够说他从不拖延时间。实际上对于大多数人来说，拖延时间不过是避免投身于现实生活的一种手段而已，是无能为力的表现。

　　曾有一位新闻记者将拖延时间称为"追赶昨天的艺术"，其实，这也是"逃避今天的法宝"，这就是拖延时间的作用。有些事情尽管你想做，却总是一拖再拖。你不去做现在可以做的事情，却下决心要在将来某个时间去做。这样，你便可以避免马上采取行动，同时安慰自己说，你并没有真正放弃决心要做的事情。这种巧妙的思

维过程大致如下：我知道自己必须做这件事，可我不愿做或担心自己做不好，所以准备以后再做。这样我也不必说以后不做此事，因而可以心安理得。每当你必须完成一项艰苦工作时，你都可以求助于这种站不住脚但却很实用的逻辑。

在以下几个方面，拖延时间要比采取行动来得容易一些：

——目前的工作没有发展与提高的机会，又不愿意调换工作。

——夫妻感情已完全破裂，却依然要保持婚姻关系。勉强维持婚姻生活（或独身生活），同时幻想着情况会有所好转。

——不愿花力气解决与别人交往时遇到的各种问题，带有害羞和恐惧心理。不积极采取纠正措施，只是消极等待事物的自然变化。

——不戒除自己的不良嗜好，如酗酒或抽烟，总是说：我愿意的话就会戒掉的。然而你很清楚，迟迟不采取行动的原因在于你不相信自己能戒掉这些嗜好。

——有心做些苦活、累活，如清扫房间、修理门窗、缝缝补补、粉刷墙壁等等，但迟迟不动手，好像你要是耐心拖下去，这些活儿或许就不用做了似的。

——以感到疲劳或要休息为借口拖延。你是否注意到，每当你将着手进行一项艰苦的工作时，你就会觉得十分疲乏。随时可能出现的疲劳感是一种绝妙的拖延手段。

——当你面对一项令人头疼的任务时，你就会生病。如果身体

不好，怎么完成任务呢？同疲劳一样，这也是一种很好的拖延办法。

——采取"我没有时间"的策略，这样你就可以名正言顺地去做某件事。实际上，你若真心想做一件事，就会挤出时间来的。

——充当评论员，并且通过别人来掩饰自己的无所作为。

——自己觉得身体不舒服，又不愿去医院检查。通过这种拖延，你可以避而不正视可能出现的疾病。

——厌倦生活。这只是一种拖延的方式，你以令人厌烦的事情为借口避免进行更为积极的活动。

——总是在制订锻炼身体的计划，却从不会付诸行动。"我马上开始跑步……从下星期起。"等等。

朋友，你有以上的毛病吗？就拖延时间这一惰性而言，我相信人人都会有拖延的经历和体验的。你要改变自己，你要改变客观世界，就不要怨天尤人，而要做些实际工作。不要总是因拖延时间而忧心忡忡，并且为此陷入惰性，应该摆脱这种恶习，立即行动，马上就做！做实干家而不是幻想家。

拖延，是一切事业遭到挫折的内在原因，应该认真戒除。

诗人是怎样变成鸟的?

　　台湾作家吴锦发在小说《消失的男性》中写了由人变成鸟的过程：热衷写诗、赏鸟的李欲奔，突然从腋下长出了鸟毛，在悚然中，他只好寻找外科、心理医生的帮助，找寻怪现象的根本原因。原来，李欲奔是一个才华横溢的诗人，在短短两年内，他的诗在本地诗坛卷起了一场风暴。尤其是一向爱做梦的大学生看了他的诗以后，有如大梦初醒，痛哭流涕，还竞相复印，然后拿到学生宿舍的公布栏上张贴。诗写得这么好，他成名了。此后，他又迷上了养鸟、赏鸟，觉得天下没有比赏鸟更有意义的事了。他常常背着照相机、望远镜到河口赏鸟，一会儿用望远镜观察那一群野鸭的动态，一会儿用照相机拍下它们美妙的影姿。这个河海交界的地带，可以说是野生鸟类的天堂，随着季节的转移，这里常常变成候鸟过境本岛的驿站，大批绮丽、稀有的鸟类不时出没在这个地区。这对于爱鸟成痴的他，不啻是个世外桃源。他常带着便当，一个人在这儿一泡便是一整天。他不再写诗了。

他想象着自己变成了鸟。"……飞得很高，我觉得好舒服，离开底下的土地飞到天上，风很凉很大，我觉得好高兴，好像所有的束缚一下子都挣脱了，如果我能够不停地飞下去，那真不知该有多好，我可以飞，飞，飞……"他向往像鸟一样自由自在地飞翔，逍遥自在。爱鸟成痴的他，"身体的内分泌产生突变，因而导致身体的病变"，结果羽毛一长再长，遍布全身，变成一只鸟。"男性"也就宣告萎缩消失，最后振翅向空中飞去。

这是一篇很有象征意义的荒诞小说。人是不可能变成鸟的，但作者以他的荒诞浊照理性：爱鸟可以，赏鸟可以，但玩物不能丧志。玩物丧志，就会使人变成了鸟——丧失了自我。

有一个年轻人工作以外无所事事。吃罢晚饭，要么跟几个小年轻七拉八扯，要么胡乱地打打四十分之类，消磨一个黄昏。因此老是叹息无聊。前些日子，他受了一些报刊的影响，忽然迷上了集邮。这本来是一件好事，他的业余生活有了一个中心，志趣可以高尚起来了。因为集邮可以增加人们的知识，提高人们的审美能力……可是不多久，他迷恋得太厉害了，简直对这种小纸片顶礼膜拜起来。不但把所有的余钱都花在上面，而且有次为了买到某一特种邮票，还旷了半天工。

难道集邮是一件有害的活动吗？

集邮像任何正当的业余爱好一样，有趣还是无趣，有益还是有害，并不决定于活动本身。小小一张画片，不集邮的时候怎么那样无动于衷，而一旦集邮，却连一个邮戳的印记、一个票齿的完整与否，都使自己大为动心呢？这就是说，由于参加了集邮活动，你发现了邮票的另一种价值。但是，你想过没有，一张用过的废邮票，其价值究竟从何而来？自然，因为邮票很美，更主要的原因是大家都在收集它，但其实每一个收集者认为的价值是不一样的。有热心收藏的人，以收集到稀有邮票为最大价值；欣赏邮票设计艺术的人，以收集到中意的画面为最大的价值……当然，也有人以廉价收到能卖高价的邮票为最大价值。作为正常的集邮者，由于有了一定的收集志向，平淡的纸片发出了光彩，提高了他的精神，增加了他的生活兴味。

前面提到的那位青年开始集邮，他对邮票发现了以前未发现的价值，他兴趣盎然，不再无所事事了。由于生活充实，他就不再去做一些无聊的事。他用正当的价值定向抑制了可能存在的不良价值定向。但是，任何东西都有一个度，超越了一定的度，好事就变成坏事。这位青年，他的定向兴趣应当是本职工作，业余爱好至多只能是"第二专业"。但由于他对集邮的兴趣不加控制地扩大，他的总的价值定向失去了平衡。为了弄到一套特种邮票而不惜旷工半天，破坏劳动纪律。应该说，他犯的这个错误，并不完全出于目无纪律、自由放任，多半还是对价值和兴趣问题处于不自觉状态的缘故。然而，这种不自觉状态却是不好的，它会使人对世间事物价值观发生轻重倒置。工作、学习及组织纪律等还不及一盆花、一只鸟、一张邮票，或者为了自己某种癖好，把对家庭妻儿的义务置之脑后。所以说，如果本是陶冶性情的小玩意儿的兴趣却不加控制，而压倒了人生的大志向，那就要"玩物丧志"。

玩物丧志的要害在于"丧志"，不在"玩物"。人生在世，如果都没有"玩物"，那实在也太枯燥了。"玩物"也有一个怎么玩的问题，玩也是学问。《北京鸽哨》一书的作者王世襄先生有这么一句话："我自幼及壮，从小学到大学，始终是玩物丧志，业荒于嬉。"接着，他讲述了自己做这本书的缘起："读小学时，一连数周英文作文，篇篇言鸽；念大学时，又有《鸽铃赋》呈卷；今年逾古稀，又撰此稿。"他开玩笑说："信是终生痼疾，无可救药矣！"可见王先生对鸽和鸽哨爱之切，迷之深，真当得起"情痴"二字。古今玩鸽之人该有多少，皆因目不识丁和荒于笔墨，即使偶有鸽铃的文章，也是零篇断简，不成系统。王先生却玩出了《北京鸽哨》，从这一意义上说，玩物又不丧志，两者取得了高度统一。

不必让自己由李子变成香蕉

美国有一位伊迪丝·阿尔利德夫人，在给卡耐基的一封信中写了她摆脱人生挫折的一段经历：

我幼年时候极为敏感和胆怯。我的体重总是过重，而且双颊总是使我显得比实际要胖。我有一位十分古板的母亲，她认为把衣服做得漂亮是蠢事。她常说：肥衣耐穿，瘦衣易烂。于是，她总是让我按照这条标准穿衣。我从不参加晚会，从没有任何嗜好。我上学后从不和其他孩子一起参加课外活动，就连体育活动也不参加。我的胆怯达到了病态程度。我认为我和任何人都不同，因而完全成了一个不受欢迎的人。

我长大后嫁给了一个比我大好几岁的男人。然而我却依然故我。我的婆家是一个矜持自信的家庭。家里人认为我该做到那一切，可我就是做不到。我尽了最大的努力使自己像他们，可我就是不像。他们把我从自身躯壳中拉出去的每一个企图，都恰恰适得其反地把我向自身中驱使得更深。我变得紧张而烦恼，我避开一切朋友，甚至连门铃响都害怕！我是个失败者，我明白这点。而且，我想我丈夫对此也一定有所察觉。因此，每当我们公开露面，我就极力使自己高兴。我心里也清楚自己太做作了。并且，随后的几天里，我都会难过的。我是那么痛苦，以致感到自己没理由再活下去了。我开始想着去自杀。

是什么使得这位痛苦女性的生活有了改变呢？只是一句偶然的话！

"一句偶然的话，"阿尔利德夫人继续写道，"就改变了我的整个生活。有一天，我婆婆讲到她是如何把自己的孩子扶养成人的，她说：'不管遇到什么情况，我总是坚持他们就是他们。'……'他们就是他们'，那句话妙极了！我这才恍然大悟，原来我一直在设法使自己按照一种与自己不相符合的标准做人，而我所吃的一切苦头，其源概出于此。一夜之间我就变成了另一个人！我开始认识到我就是我。我认真研究自己的特性，努力认识我的特点与长处。我分析了自己对颜色和款式的喜好与要求，尔后按照自己认为适合的标准穿着打扮。我走出家门广为结交朋友。我参加了一个组织——起初是一个很小的组织，当他们让我表演节目时我真吓呆了。然而，我每讲一次话就增长了一点勇气。这当然是个很长的过程。可是今天我已经变得很愉快了，这是以前做梦也不敢想的。在扶养自己的孩子时，我总是把自己从痛苦经历中汲取的教训告诫他们：无论遇到什么情况，走你自己的路！"

伊迪丝·阿尔利德夫人的经历，给了我们什么启示呢？我以为最重要的是，我们应该热爱自己，热爱自己的一切。事实上，如果你不爱自己，你将永远不会去爱他人。一个人不可能完美无缺，但这并不等于说他无足轻重，每个人都有一些别人所不具备的东西。

犹太作家艾拉·威索尔曾这样精辟地写道：当我们告别人世去见上帝时，他不会问："你为什么没有成为救世主？你怎么没有发现解决某某难题的办法？"而他将会问："你为什么没有成为'你'？"

一位姑娘说："现在我知道了，自己为什么总是闷闷不乐，精神上感到很痛苦，因为我希望每个人都爱我，而这是不可能的。尽管我可以使自己成为世界上最鲜美的李子，可还是难免有对李子过敏的人。"说得多么深刻！接下去她又说："如果别人想要香蕉，我也可以使自己变成一个香蕉，但我将永远是个二等品，而事实上，我本来可以成为最出色的李子。如果我耐心等待，那么喜欢李子的人就一定会出现。"这是因为，假如你为了满足别人的需要不做李子，而把自己变成香蕉，那么，他们又会说，应该把这个香蕉一瓣两半，这时候，你就会进退两难，不知自己为何许人了。

如果你在面对你内心的"自我"时，握握手说："喂，这些年你究竟到哪儿去了？现在我们又来到一起了，让我们一块向前走吧。"那么，你将会发现你身上蕴藏的潜力是无限的。

有一些人总渴望违背自己的躯体和精神之本来面目去做人、处事，结果当然是一而再再而三地受挫折，世上没有比这些人更可悲的了！

请记住，你就是你。

"难道是古人欺骗了我吗？"

清朝纪昀《阅微草堂笔记》中有一则刘生读书的故事：清朝时，沧州有个姓刘的读书人，他性情孤僻，每天自朝至暮埋首于古书当中，极少与人往来。若让他讲古书，他可以滔滔不绝地讲得头头是道；若让他处理世事，却显得异常迂腐。

有一次，他偶然得到一部古代兵书，便如获至宝，伏案研读整整一年。他自以为弄通了兵法，可以统帅十万精兵了。刚巧，那时附近有伙农民由于受不了官府压迫，聚众造反。他觉得这是施展本领的机会，就纠合一队乡兵，亲自率领着前往镇压。不料初次交锋就被对方彻底击溃，他这个自命不凡的"指挥官"也险些被俘。

军事搞不成，他又翻出一部古代水利著作，闭户苦读一年之久。这时，他又自命水利专家，声称可以把千里贫瘠土地，改造成肥土良田。于是，他在家里精心绘制了一幅水利工程图，附了详细说明，呈给州官。说来凑巧，那位州官心肠很热，对他的设想很赞赏，破例批准他在一个村庄里做实验。不料按他的图纸刚刚掘通沟渠，突然天降大雨，造成洪水泛滥。水从四面八方顺着渠道灌进村庄，几乎把全村人淹死。实验彻底失败了。

此后，这位读书人消沉下来，他不明白为什么照书本办事总行不通，因而整日闷闷不乐，常常独自漫步在庭院里，摇头叹息，自言自语说："难道是古人欺骗了我吗？"不久，他就在极度苦闷中病死了。

他死后，每逢明月清风之夜，人们总可以看见他的灵魂出现在坟前和松柏树下，仍然是一个人踱来踱去，摇首低吟。如果你侧耳倾听，可以听见他仍然在念诵那句话："难道是古人欺骗了我吗？"

这则寓言讽刺了以古为法，不知变通的书呆子。他们只知死啃古书，把古人的经验奉为金科玉律，而不管实际情况适用不适用。寓言末尾写得似乎有些阴森，不过这个情节的安排倒很有意思。你看那书生由于弄不清自己失败的原因，终于抑郁而死，死后仍然不能摆脱痛苦，还是终夜徘徊，苦苦思索，反复念诵。这样描写具有深刻的含义。它说明，像这种理论脱离实际，信守教条的书呆子，是十分愚顽的，即使死了也不能醒悟自己的痴呆。他们的灵魂被古人紧紧束缚着，永远是不自由的。

在历史上，这种信守教条的倾向最典型的表现是儒家内部的争"道统"闹剧。所谓争"道统"，就像和尚重视衣钵相传那样，谁都要把自己的思想主张说成是来自开山鼻祖的正宗。说到底，是自己看不起自己，不敢用自己的思想来证明自己，而用前代权威来拔高自己。开此风气的首先是孟子，为了让别人相信自己，他第一个把儒学的继承关系列了个类似"族谱"的东西：尧舜传之汤，汤传之文王，文王传之孔子，孔子传之孟子。后来是韩愈，他的说法是："孔子传之孟轲，轲之死，不得其传焉。"言下之意，只有他是孔孟的真传。不过至此为止，还没有谁同孟子、韩愈计较长短。再往后，就吵起来了。北京的二程为了抬高自己，干脆撇开了韩愈，把自己看作是孔孟的直接继承人，他们宣称"孟轲死，圣人之学无传焉"就是这个意思。但朱门子弟却不买他们的账，他们把二程的地位比作子思、曾子，只是过渡人物，宣传真正发扬光大孔孟之学的是朱熹。

这种"六经注我，我注六经"的信守教条的态度，是人生和事业挫折的原因之一。古往今来，凡是一味模仿而没有创造的人，永远不能做出开创性的成就。世上没有一个人因模仿他人、信守教条而成功。

1940年5月11日晚，法国的一架侦察机在比利时境内的阿尔登山上空盘旋侦察，突然发现了德军的装甲纵队正向法国边境挺进。侦察员们大吃一惊，马上返回基地向空军师部报告。但是他们的情报没有人相信，因为人们不相信德国人会选择"天然的马其诺防线"进攻。第二天，原机组指挥官为了进一步证实情报，又派了一架侦察机，并请了一位坦克中尉随机侦察。他想，既然要侦察的是装甲部队，坦克中尉的权威恐怕不容怀疑吧。然而，待到侦察完毕，回

到基地，再度向军部报告时，得到的回答仍然是"不可能"。一位军部值班军官甚至嘲讽这位坦克中尉"是否认识坦克"。结果三天以后的5月15日、16日两天，法国的这个军在德军的突然袭击下全军覆没。

阿兰·佩雷菲特认为，这是二战时改变欧洲战场局面的一个关键事件。为什么会发生这样的事？他分析说，在法国人看来，"任何情报，只要不合教条，就无足轻重。阿尔卑斯山是可以逾越的，因为军事学院的课程描绘过汉尼巴尔和拿破仑怎样越过它。但是阿尔登山是不可逾越的，因为这些课程指出，入侵的军队怎样绕道而过"。

这里，价值目标是不言而喻的两个字：取胜。但是教条主义的思维定式却导致了实有价值的丧失。

教条主义，祸害无穷，古今中外，一无例外。

"历览古今多少事，成由谦逊败由奢"

一个人如果真有值得骄傲的地方，就应该感到骄傲——这与其说是骄傲，不如说是对自我的肯定，是自信的表现。

这里说的骄傲，有一个定语，叫"盲目"。盲目骄傲是没有根据的自我膨胀，是不知天高地厚的狂妄，这样的人，十个里有十一个要遭到挫折。

骄兵必败。人一骄傲起来，你就是有天大的本事，人家不买你的账，仍然是"独木不成林"，一事无成。

《三国演义》里的关云长如何？过五关，斩六将，温酒斩华雄，匹马杀颜良，偏师擒于禁，擂鼓三通斩蔡阳，"百万军中取上将之头，如探囊取物耳"。清人毛宗岗称："历稽载籍，名将如云，而绝伦超群者，莫如云长。"说他是"古今来名将中第一奇人"。然而，

这位叱咤风云，威震三军的一世之雄，下场却很悲惨，居然"南郡丧孙权，头颅行万里"。被东吴大将吕蒙一个奇袭，仓皇中兵败失地，被人割了脑袋。罗贯中说他"龙游沟壑遭虾戏，凤入牢笼被鸟欺"。其实，追根溯源，是骄傲自大导致了他的失败。当诸葛亮抬举马超时，他很不满意，说马超算什么玩意儿，怎能与我老关并列？孙权向他攀亲家，他出口骂道："犬子怎配虎女！"直到即将被俘杀头时仍不醒悟，他还在倚恃英雄，自料无敌，说："虽有埋伏，吾何惧哉！"老子天下第一，英雄舍我其谁？难怪他呜呼哀哉时仍不觉悟，只承认是"误中奸计"而已。

　　骄傲是一种低级趣味，它不了解客观世界的复杂性，不明白世事人情的褒贬喜恶，也缺乏实事求是和自知之明。《史记·管晏列传》载，晏子做齐国宰相的时候，一天坐马车外出，路过车夫家门口。车夫的妻子从门缝里瞧见丈夫赶着马车，洋洋自得，显得十分傲慢。车夫回到家里，妻子便提出和他离婚。车夫问这是为什么？妻子说：晏子"身相齐国，名显诸侯"，却"常有以自下者"，显得很谦虚。可你呢？不过当人家的车夫，却神气活现，自以为了不起。你这样骄傲，实在是没有什么出息。我嫌丢脸，所以要跟你离婚。你看，连一个古代妇女都瞧不起骄傲的人，觉得骄傲的人缺乏远大志向和深远抱负，不会有什么出息。

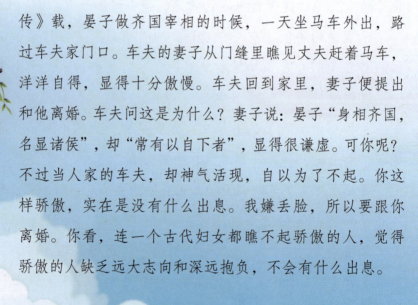

　　一般来说，骄傲的人可能多多少少有某一个方面的长处，总觉得自己有点骄傲的"资本"。对此，要做具体分析。谁没有点长处？你可能聪明能干，他可能忠诚老实；你也许能说会道，他却是埋头苦干；你做事干脆麻利，人家却慢工出细活；你也许文化高，别人说不定经验多……如果都把自己的这点长处看作骄傲的资本，各以所长，相轻所短，那长处就可能成为短处，成为羁绊自己脚步的绳索、阻碍前进的挡路石。何况，自以为的"长处"，比起别人来，是否真的是长处呢？如果把本来不是长处的东西，也误以为是自己的"长处"，甚至因此骄傲起来，那就尤其可笑了。

　　柳宗元写过一篇《李赤传》，李赤自以为写诗可与大诗人李白相比，并因此以"李赤"为名，意在和"李白"相对抗。其实，他的诗写得实在蹩脚的很，以至苏东坡看到李赤的诗，说他凭着这两下子竟然自比李白，只能说明"其人心疾已久"，就是说简直属于精神病一类了。这种"精神病"患者，在我们现实生活中，恐怕还是大有人在吧！

　　再说，即使你真有一点本领，真比他人能干，是否就值得骄傲呢？仍是骄傲不得。一个人的能力再大，比起集体来，比起群众来，只不过是沧海一粟。离开了群众，任何英雄人物，也将一事无成。鲁迅先生曾经指出："有一回拿破仑过阿尔卑斯山，说：'我比阿尔卑斯山还要高！'这何等英伟，然而不要忘记他后边跟着许多兵。倘若没有兵，那只有被山那面的敌人捉住或赶回，他的举动、言语

都离了英雄的界线，要归于疯子一类了。"能力比较强的人如果自以为了不起，自视高贵，脱离群众，那他就必然得不到群众的拥护、支持和帮助，那他也只能是无能为力了。

有的人骄傲起来，是由于工作中取得较大的成绩，就瞧不起别人了。这也是要不得的。两千多年前，越王勾践灭吴后，魏文侯问他的谋臣李悝关于吴国败亡的原因，李悝说："数战数胜。"文侯没听懂，又问："数战数胜，国之福也，何以亡？"李答："数战则民疲，数胜则主骄，以骄主御疲民，未有不亡者也。"谈得言简意赅，很有些辩证思想。有了成绩，取得了胜利便骄傲，就可能把成绩和胜利当包袱背在身上，于是轻敌麻痹起来。西楚霸王项羽屡战屡胜，最终却来了个霸王别姬，乌江自刎，就是最好的例证。

骄傲的危害是显而易见的。陈毅说："历览古今多少事，成由谦逊败由奢。"骄傲必败，"戒骄戒躁"仍有其实际意义。

"乐不可极，志不可满"

快乐，是一件大好事。我们不喜欢快乐难道喜欢愁苦吗？"心中常有喜乐，身体常保健康"，古罗马人相信笑应该属于餐桌，因为笑能促进消化。中国人则有一句至理名言："笑一笑，十年少。"

美国作家特鲁·赫伯在《幽默的艺术》中谈了这么一件事：

有一次，我去看望一位病人，这个人几乎在病床上躺了三年。我问他每天都吃点什么？他笑着说："在这儿能挨饿吗？我每天都要用叉子来吃药。"他跟我讲了一连串发生在病房里的故事和笑话，使我也跟着大笑一通。医生把我叫到外面，悄悄对我说："你的朋友可以出院了。原先我们还以为他不能活到年底。"我大吃一惊，问："这是为什么？"医生说："不知道。也许他那些笑话帮了他的忙吧。"

据说，他出院时，同室的病友对他说："你一走，我们就要死了。""不会。"他说，"你们死了，医生也活不了，他们上哪儿去收药费？"

从某种意义上说，是这位病人的乐观救了自己。

俗话说：喜怒哀乐，人之常情。适时适当乐一乐，是乐观主义的表现，不仅可以活跃气氛，还可以增强摆脱挫折的信心和勇气。

但是，乐不可"极"，乐时不应忘忧，大凡"乐极"，就容易生悲。魏徵说："乐不可极，志不可满。"《史记》有言："酒极则乱，乐极则悲。"汉武帝慨叹："欢乐极兮哀情多……"这些都是强调乐不可过度。如果乐得忘乎所以，就容易忽视不利因素，忽视前进中还会有曲折，成绩中还存在着问题，成功了还可能会失败。

我们来说说淝水之战。前秦苻坚强征各族人民，组成九十万军队，大举南下。他骄傲自恃，称投鞭可以断流，企图一举灭晋。晋相谢安使谢玄等率北府兵八万迎战，在洛河大破秦军前哨，苻坚登寿阳城，见晋军严整，遥望八公山上草木，以为都是晋军，才有惧色。晋军进至淝水，要求秦兵略向后移，以便渡河决战。苻坚想待晋军半渡时猛攻，乃挥军稍退。因各族士兵不愿作战，一退即不可止。鲜卑族和羌族的将领希望苻坚战败，以便割据独立。在襄阳被俘的晋将朱序也大呼秦军已败，晋军乘机渡水攻击，于是秦军大败，溃兵逃跑时闻风声鹤唳，都以为是追兵。谢玄乘胜攻占洛阳、彭城等地，苻坚逃至关中，后即为姚苌所杀。

事实上，像淝水之战这样乐极生悲的事是经常发生的。闯王进京，崇祯皇帝自缢身亡，江山得来的如此容易，李自成及麾下的一些大将们得意忘形，以为天下大定，可以为所欲为了。他们纵容部下，骄奢淫逸，烧杀抢掠，军纪败坏，无所不为。结果从 1644 年 3 月 19 日到 4 月 30 日，只"乐"了四十二天，形势就来了一个大逆转。大顺军先是退出北京，最后退到了九宫山，一代豪杰终于被地主民团所杀，落得个乐极生悲、兵败身亡的下场。

乐中没有忧，就容易产生盲目性。所谓"骄兵必败"，说的是败在打了胜仗后喜悦过度，以至忘了忧患，忘了可能会出现的不测。这是失败之道，是不可不慎的。

也许历史太过遥远，再说一件体坛往事。1988 年 9 月 18 日，首尔体育馆举重赛场灯火耀眼。当话筒里传出 52 公斤级何灼强出场时，观众席上响起一阵欢呼的骚动。

这个来自中国广东的农村选手，当时年方二十，八破世界纪录，在汉城奥运会开幕前，他的夺标呼声最高。海内外所有预测都认定他必胜无疑，一家晚报冲着他黝黑的皮肤赞叹"黑珍珠巨臂擎天"。中国体育代表团一位官员则在赛前的奥运村断言：即使中国所有金牌都丢了，何灼强这块也是"三只手指捏田螺——稳拿"。甚至我国南方和北方两个颇有名气的体育记者已事先写好了欢呼夺标的长篇通讯，后者洋洋五千言的原稿已搁在编辑部办公桌上，只待补充现场气氛就整版隆重推出。

可是，生活常常出冷门，何灼强意外地与人们开了一个玩笑。第一把 112.5 公斤抓举就砸锅，其右手护掌突然断裂，扛铃杆与手掌迅即摩擦，导致拇指轻伤。接着，在抓举失利的情况下，挺举伊始，他又贸然要了 145 公斤，终因力不从心，三次试举不成而败北。当几亿中国人怀着巨大的期待，坐在电视机前目睹何灼强摇晃的躯体、发抖的双手和扭曲的面部表情时，那刻骨铭心的瞬间再也难以忘怀。

为什么何灼强竟这样出乎意料地惨败了？

何灼强在破世界纪录后，各级政府奖给他：一套高级三室住房、一套高级现代化家具、一套高级家用电器。爹妈给的一身耕田用的原始蛮力，竟可换来常人一辈子望尘莫及的追求，这一切似乎来得太容易了，何灼强飘飘然然、忘乎所以了。于是，体委调他去北京训练，他以不习惯空调为由加以拒绝。在奥运村，有人问他："金牌如何？"他扬起双臂说："你看看我这身肌肉，还用问吗？"在汉城期间，何灼强走到哪里，记者跟到哪里，电视报道到哪里，鲜花和欢呼簇拥到哪里。如一家报纸描述的那样，他的后面始终跟着"一条长的尾巴"。除了短暂的训练外，人们却常能在台球桌前找到他。如此得意，可谓盲目乐观至极了。

试想，何灼强如果能够清醒地看到自己素质上的先天不足，如果能够敏感地发现自己与世界强手之间的差距，如果能够预先考虑到异国赛场地理环境上的不利因素，如果能够做好充分的思想准备，做好严格训练的准备，预先设想出应付最坏情况的方案，大概不会有如此悲凉的结局吧。

古人说："天下之祸不生于逆，生于顺。"在顺利环境中，或

是在取得一定成功的时候，往往容易使人产生一种或安逸或满足的内心冲动，并由此滋生了麻痹轻敌、懈怠自足的情绪。麻痹，导致人们在严峻的生活中失去清醒的头脑；懈怠，又致使人们放松对自己的严格要求。实际上在顺利的情绪中早已暗暗伏下了危机的因素，挫折、失败已经等在门口，所谓"祸兮福所倚，福兮祸所伏"也。

乐而忘忧是目光短浅、缺乏见识和轻狂浮躁的表现。克服这种狭隘和浅薄，当然离不开辩证思想的武装。同时，不要随便头脑发热，也是十分重要的。对于任何事物都要想到两种可能性，都要估计到两种发展趋向，都要避免坏的结果，力争好的可能。就是说，顺利时要看到困难，挫折时要看到成功；胜利时不骄傲，失败时不气馁；欢乐时不忘忧患，困难时要看到光明。这样，我们就不会为一时的成功而沾沾自喜，就不会为一孔之见而目空一切，就不会顾此失彼、瞻前忘后。

孟子说："生于忧患而死于安乐。"这位儒家大师倒是懂得一些忧乐转化的辩证法。居安思危，乐不忘忧，无论任何情况下，都保持清醒的头脑，我们就可以在种种挫折面前立于不败之地。

最消极的情感：
悔恨过去，忧虑将来

为已经做的事情感到悔恨，为可能发生的事情而忧虑，这是生活中两种最消极无益的情感。

悔恨，意味着你在现实中，由于过去的行为而产生惰性；忧虑，则使你在目前因为将来的某件事（常常是你无法左右的事）而陷入惰性。为了更清楚地认识这一点，你不妨试想一下为尚未发生的事情忧虑，或者为已经出现的事情悔恨，虽然一种针对未来，另一种针对过去，但它们的效果却都是使你在现实中产生烦恼和惰性。一位作家写道："给人们造成精神压力的，并不是今天的现实，而是对昨天所发生的事情悔恨，以及对明天将要发生的事情忧虑。"

悔恨和忧虑是精神抑郁最常见的形式。当你悔恨时，你会沉湎于过去，由于自己的某种言行而感到沮丧或不快，在回忆往事中消磨掉自己现在的时光。当你忧虑时，你会利用宝贵的现时，无休止地考虑将来的事情。无论是沉湎过去，还是忧虑未来，其结果都是相同的：你在浪费目前的时光，是极大的精力浪费。

许多人在生活中潜移默化地受到内疚悔恨情绪的影响，成了名副其实的悔恨机器，其运转程序是这样的：某人发出一个信息，表明由于你所说或未说、感到或未感到、已做或未做的事情，你已变成一个坏人。因此，你在现实中感到情绪低落。

　　在这里，有必要指出内疚悔恨与吸取教训二者之间的区别：悔恨不仅仅是对往事的关注，而是由于过去某件事产生的现时惰性。这种惰性范围很广，其中包括一般的心烦意乱直至极度的情绪消沉。假如你是在吸取过去的教训，并决意不再重做，这并不属于消极悔恨。但是，如果你由于过去的某种行为而感到现在都无法积极生活，那便是消极悔恨了。吸取教训是健康的做法，这是个人发展过程中的必要环节。悔恨是一种不健康的心理，因为这是白白浪费自己目前的精力。这种行为既没有好处，又有损健康。实际上，仅仅靠悔恨是绝对不能解决任何问题的。

　　至于忧虑，我们应该有这样的精神状态，即没有任何事情是值

得忧虑的,绝对没有!从现在起,你可以将自己的一生用于忧虑未来,然而你的忧虑无论如何也不会改变现实。忧虑的定义是,由于将来的某件事而在现实中产生惰性。必须注意不要将忧虑同计划混同起来。如果你是在制定计划,现实活动将使未来更有意义,这就不属于忧虑。忧虑仅指因今后的事情而产生惰性。

忧虑是社会中的流行病,几乎每个人都花大量的时间担忧未来。但这一切都是无济于事的,忧虑根本不能改变现状。实际上,忧虑的心理很可能使你不能正视现实。

假设你生活在 1861 年,即美国南北战争开始的那一年。全国都在进行战争总动员,美国当时的人口大约为 3200 万。这 3200 万人中的每一个人都要为上千件事情忧虑,他们花了很多时间痛苦地思索着未来。他们忧虑着战争,忧虑着食品价格的上涨,忧虑着征兵,忧虑着经济的恶化,忧虑着今天人们所忧虑的各种问题。到如今,即一百多年之后,当年的忧虑者们都入土了,然而他们所有的忧虑丝毫未能改变目前已经成为历史的事情。当世界目前人口完全为后人所取代,你的各种忧虑还会有一点影响吗?不会的。你的忧虑在目前会产生任何作用吗?它会改变你所忧虑的事情吗?也是不会的。既然如此,我们为什么要在忧虑中惶惶不可终日?

人们所忧虑的,往往是自己无能为力的事情。无论怎样为战争或疾病而忧虑,都不会因此得到和平或健康。作为一个普通人,有时候你是难以左右这些事情的。实际上你所担忧的灾难往往并不像你想象的那么严重。杞人忧天倾,天不倾,万古如斯。

美国有一位四十七岁的哈罗德先生,他总是担心自己被解雇以至无法养家糊口。他忧心忡忡，体重下降，开始失眠，而且常常生病。在心理询诊过程中，心理专家向他指出，忧虑是无济于事的，并谈到如何保持心情舒畅。但是，哈罗德是一个地地道道的忧虑者，他感到自己有义务每天为可能发生的灾难担忧。在忧虑了几个月之后，他终于被解雇了，他有生以来第一次失业了。然而，不到三天，他找到了另一个工作，工资更高，更符合他的口味。他利用忧虑的精力执着地追求，迅速取得了成功。哈罗德的全家并没有挨饿，他自己也没有向命运屈服。与人们通常忧心忡忡的事情一样，他们一家最终的结局并不十分可怕，反而是十分圆满的。哈罗德通过亲身经历认识到忧虑是徒劳的。

要认识自己的悔恨及忧虑心理，关键在于意识到现时。应该学会在现时中生活，不要在悔恨过去或担忧将来中浪费眼前的时光。你能够真正生活的时间既不是过去，也不是将来，而是现在。

卡洛尔在《爱丽丝漫游奇境记》中谈到在现实中生活的问题：

"这里的规矩是明天有果酱，昨天有果酱，但是今天永远没有果酱。"

爱丽丝不赞同地说："迟早总要有'今天有果酱'那一天的。"

你怎么样呢？今天有果酱吗？既然迟早要有的，现在就来点儿怎么样？

逆境，天才的垫脚石

车尔尼雪夫斯基曾说过："历史的道路不是涅瓦大街上的人行道，它完全是在田野中前进的，有时穿过尘埃，有时穿过泥泞，有时横渡沼泽，有时行径丛林。"人的生活道路也并不总是洒满阳光、充满诗意，常常会遇上沼泽、寒风或面临荆棘丛生的小道。一时陷入逆境，应该是人生难免的遭遇。

逆境，指不顺利的境遇，如病残、贫困、失恋、政治上的打击和迫害等等，这些遭遇自然会给人们带来痛苦，只是有的人在痛苦之余能经过挣扎而振奋起来，在逆境中变得更加顽强，从而使自己在事业上有所建树；而有的人却长期处于苦闷之中不能自拔，他们悲观、消沉，只能望着遥遥领先者的背影驻足长叹。

逆境能造就强者，也能吞噬意志薄弱者。

病残，常以猝不及防之势向人们扑来。病残会给人造成心灵的创伤，但也能激起一个人不甘沉沦的热忱。被人誉为乐圣的德国作曲家贝多芬，一生中屡遭磨难，尤其是耳聋对他的打击最为惨重。

这打击曾使他痛苦得关在房子里不愿与人见面。但是，不甘就此退出乐坛的强烈信念，使他重新振作起来，并且发出了"要扼住命运的咽喉"的坚强吼声。他在创作时，咬住一根木棒顶端，将另一端插在钢琴的共鸣箱内借以听音。气势雄伟的交响曲，渗透着贝多芬与残疾搏斗的辛勤汗水。

贫困，曾经使不少人在成才路上潦倒，但也激发了许多有志者的奋斗精神。文学大师巴尔扎克在负债累累、极其贫穷的情况下，一天工作十七八个小时，写出了几十部世界名著。贫困，可以锻炼人们的意志，使其奋发图强；贫困，可以锤炼人们的性格，使其坚忍不拔。

失恋，这是不少青年朋友在成长过程中可能遇到的一个问题。有的人因爱情的波折而绝命，但这波折也常常能激起人对生活的信心。物理学家居里夫人在失恋之后曾想自杀，她把这一段经历称作一生中最残酷的时期。但正是这残酷使她产生了不甘人后的自信心，以至在家庭贫困、中年丧夫等接踵而来的打击面前，她始终把头昂得高高的。

人才在成长过程中，不仅会碰到生活上的不幸，还会遇到政治上的逆境。政治上的逆境与生活上的逆境相比，是对成才者更加严峻、更加残酷的考验。在这种考验面前，有人轻生，有人放弃了自己的事业而苟且偷安，有人却奋起抗争。在我国古代，屈原遭谗诮乃赋《离骚》，孙膑受膑刑仍治《兵法》，司马迁遭宫刑而著《史记》，都是在逆境中发愤成才的典型。

没有人的生活永久顺利，但面对逆境各人却意志殊异。懦弱者尽尝烦恼，度日如年；畏难者磨去锐气，把逆境作为安逸的摇篮；有志者自强不息，在逆境荒野上开垦希望。

逆境是一部深奥丰富的人生教科书。它吞噬意志薄弱的失败者，造就毅力超群的成功者。司马迁"幽于粪土之中而不辞"，发愤著述，终于写成《史记》这样的旷古之作。贝多芬的数部交响曲，都是用理智战胜情感，忍受着失恋的伤痛，靠着对事业追求不息的生命支撑点谱写而成。丹麦的安徒生举家一贫如洗，常常流浪哥本哈根街头巷尾，但却成为世界文坛的名流豪杰。英国物理学家法拉第出身贫寒，当过学徒卖过报，吃了上顿缺下顿，但却百折不挠，创立了电磁感应定律，为人类敲开了电气时代的大门。

逆境并非绝境，在人类历史的长河中，具有"坦途在前，人又何必因为一点小障碍而不走路"这样的豪迈气派，为科学和文明做出贡献的前驱者可谓满目皆是，翻览即见。

处于顺境的人，往往应酬八方，事务羁身，不免杂事相扰，降低时间效率。相比而言，身处逆境却有"时间优势"，置世态炎凉、人情冷暖而不顾，集中精力，数年笃一地进行思索追求。而且逆境往往能使人更加深刻地理解时间的价值和意义，更好地去珍惜利用。时间是"逆境"转为"顺境"的神奇纽带，因为逆境能激起开发时效的紧迫感。一个人如想尽快摆脱逆境，往往会最大限度地激发出平时蓄积的生命热能，加快生活节奏，增强"潜能散发效应"，竭力提高学习与工作效率。

逆境还可以使人产生清醒的自我意识。一个人对自我的行为进行反思，往往需要时间与环境。在逆境中，人常常能"冷眼向洋看世界"，会比较客观地分析自己的利弊长短、成败得失、优势和不足，并能在较短的时间里选定聚焦突破的方向。付出的"学费"能转化成对生活的真知灼见、对过失教训的沉思，往往会引导人深入事物的本质。因此，逆境是所学校，它教人聪明、给人学问。身处逆境而能认真思索生命的价值，可以缩短主客体相适应的时间。

再者，逆境能培养人难能可贵的意志力量。长期的逆境生活可以锤炼人不舍之功的长期性，凝就毅力的持久性，培育出耐心、恒心、韧性和悟性。"锲而不舍，金石可镂"，"飞瀑之下，必有深潭"，时间的效率只有持之以恒、穷追不放才能获得，而功在不舍的精神，常常在逆境的磨炼中得以造就。身处逆境者应该时时想到，思想的波涛已到了悬崖口上，再前进一步，就会变成宏伟壮观的瀑布。以此不断自励，终能迎来光明的未来。法国文学家罗曼·罗兰在评价某些英雄时说："他们固然由于毅力而成为伟人，可是也由于灾患而成为伟人。"

身处逆境而不失志，那么，逆境将成为天才的垫脚石。

"混沌"之术不可取

　　在现实生活中，依然有为数相当可观的人深陷在消沉、苦闷的情绪中：他们为寻找人生的真谛，正痛苦地思索、茫然地徘徊……

　　在挫折和困难面前，有两种态度，一种是穷而后工，发奋图强。另一种则是"红尘看破"，消沉颓废，这显然是不可取的。然而，持这种态度的人并不以为然，甚至以"厌世派"自居。

　　我国最早的"厌世派"，恐怕就是大名鼎鼎的庄子了。庄子名周，是战国时期道家的代表人物。他经历了战国时期的大动乱，对统治者争权夺利、社会的黑暗有过尖锐的揭露和批判，这是他积极的一面。同时，他认为这一切罪恶都是物质文明发展的结果，似乎他什么都看透了，产生了极端厌世情绪。

庄周把现实的人生看得毫无意味，认为最大的智慧就是什么都不知道。他曾编了这样一则寓言：有一个神，没有耳目口鼻等七窍，叫作"混沌"，生活得很好。后来有另外两个神，很怜悯他，设法为他开窍，凿了七天，开了七窍，窍开完了，"混沌"也死了。在庄子看来，任何聪明进取都是通向死亡的道路。只有保持混沌状态，才能长久，这便是他的所谓"混沌"之术。他说"吾生也有涯，而知也无涯。以有涯随无涯，殆已"，认为以有限的生命去追求无限的知识，是自找烦恼，是危险的，而唯一的办法是什么也不知道。

无所作为，以养生全年，是庄子的人生哲学。他要求人们在无是非、无得失、无荣辱的虚无缥缈的境界中逍遥漫游。为此，他讲了一个更为荒诞的故事：有个残缺不全的人叫"支离疏"，这人的头长得挨住了肚脐，两肩高于头顶，后胸朝天，腰背在上，两条大腿并在一起。国家征兵，壮者逃征，他却背着手游出游入，悠闲无恐。征徭役，他因有病，可不服役；发救济品，他可得三钟粮十捆柴。庄子说，这个人形体不全，还能养身尽天年。如果在精神上也做到"支离疏"的话，岂不更好吗？不言而喻，庄子所要宣扬的是消极颓废、无用于社会的寄生生活。

今天，对于庄周所歌颂的"混沌"、"支离疏"似乎再没有人崇拜和效法了，然而，他所宣扬的悲观、逍遥的思想却还没有消失。有的人看到社会上的一些阴暗面，或者在人生道路上遇到了挫折，

由感伤到幻灭，对前途悲观失望，于是乎，不求上进，得过且过。殊不知，这条路是走不通的。

我们应该当生活的强者，在挫折和困难面前穷而后工，发奋图强。人生旅程中不但常有挫折和失败，有时还有种种突如其来的厄运降临，使人面临着沉沦和奋起的抉择。一个真正懂得人生意义和价值的人，就能用百倍的勇气来应付一切不幸，从而焕发出前所未有的力量，做出通常情况下不能做出的奇迹。

美国著名的演讲家罗伯特·舒勒曾经向人们说过他父亲在逆境中以顽强的毅力振奋事业、取得成功的故事。

当经济危机席卷整个美国，世界上著名的企业家在华尔街接二连三地自杀。沉默的农民咬紧牙关、苦撑时日的时候，他父亲竟始终保持着进取的信心，他用自己省吃俭用积攒下来的钱，以当时最高的地价买下一百六十亩农田，艰难地开辟自己的庄园事业。当大旱之年，土地干涸，颗粒无收，许多农民灰心丧气，不相信情况会好转，因而忍痛出卖土地时，父亲却毅然不顾大家的反对播下种子，在艰难困苦中跋涉……

当一场飓风残酷地摧毁了他父亲苦苦经营了二十六年才拥有的庄园时，他父亲一言不发，僵直地站在那里，灰白头发衬托下的脸庞显得更加憔悴，他无可奈何地说着："一切都完了！一切都完了！二十六年的心血白费了！"可是，他在半里之外的草地发现了自己

房屋的残骸，看到原来挂在厨房的一个标语"继续前进"时，他又振奋地喊起来："现在绝不能绝望！绝不能卖掉土地！坚持到底，继续前进！"于是，他用了五十元在邻近镇上买到了一座摇摇欲坠的旧房。房子的部分材料还可以用，他们小心翼翼地拆下来，收集了每一根铁丁，每一块可用的木板，用这些材料在原来的庄园上盖起一座新房，而后又盖了粮仓。在飓风造成的废墟上，只有舒勒的父亲重建自己的庄园，并终于取得了成功。

在接二连三的巨大灾难面前，人们都以为他父亲会一蹶不振，可是他竟惊人地摆脱挫折，走向成功，原因就是一点，他始终不灰心、不丧气。

消沉颓废，消磨人的意志，使人们放弃奋斗的目标；消沉颓废，涣散人的力量，使人们丧失生活的战斗力；消沉颓废，腐蚀人的灵魂，使人们成为可怜巴巴的懦夫小人；消沉颓废，不但不能使人们摆脱挫折，反而使人们在困境中越陷越深。

在我们的生活中，就在我们的周围，多少人在政治上受挫之后，在事业上失败之后，在情场上失恋之后，在家庭遭受不幸之后，在身体受到意外伤害之后，或心灰意冷、消沉颓废，或怨天尤人、自暴自弃，甚至自杀身亡，以毁灭自己而告终。

消沉颓废是成功之大敌。我们说，每一个人都应该珍惜自己短暂的一生，使自己有用于社会、服务于人类。

又学文，又学武，
为何泣涕于途？

在春秋战国时代的鲁国，有这么一对夫妻：男的是个鞋匠，鞋子做得很好；女的是个织绢的能手。有一天，他俩商量好，到越国去谋生。

这消息传开了，有人去劝这对夫妻："不要去了，你们如果去越国，一定无法生活的。"

他说："我不懂你说的意思！我俩各有一套手艺，怎么会生活不了？别胡说了！"

那人告诉他们说："对呀，你们都各有一套手艺。可是，你们知道吗？你们做了鞋子，原是给人穿的，可是越人爱打赤脚，不穿鞋子；你们织的丝绢，原是做帽子用的，可是越人喜欢披着头发，不戴帽子。你们做的鞋子、帽子，怎么卖得出去呢？你们的本领虽大，在那里可都用不上。到时候，看你们怎样生活。"

这对夫妻有没有去越国，《韩非子》中没有说，不得而知。而这位劝告他们的人，良心却是大大的好，倘若他们就是这么不合时宜地去了越国，那肯定遭到挫折。

合乎时宜，从根本上说就是要符合社会的需要，审时度势，从而成就一番事业。

社会发展的不同时期，会有不同的需要。社会的需要对人才的催生作用是巨大的。古代的游牧民族、农业民族为了确定季节，产生了最初的天文人才；由于天文研究、土地丈量需要计算，于是又产生了数学人才；后来，人们要定居了，城市出现了，便产生了一批建筑人才。恩格斯说："社会一旦有技术上的需要，则这种需要就会比十所大学更能把科学推向前进。"同样，社会上一旦有某种客观需要，则这种需要比十所大学更能造就人才。

社会需要可以分为社会技术需要、社会经济需要、社会政治需要、社会军事需要等等。一般而论，在社会大变革的时代，由于旧的国家机器被打碎，需要新的政治力量的填充，对政治人才、军事人才的需要是大量的；在社会比较安定，历史发展趋于平稳的时代，需要建设经济、发展文化，对科学技术、经济管理、文化艺术人才的需要显得突出。

历史上伟大的斗争常常发生在社会大变革的时期。欧洲文艺复兴，是社会形态由封建制度向资本主义过渡时期，这一社会变革需要大量人才为之服务。广泛的、前所未有的实际领域也为人才出现提供了大好的机会。人文主义著名学者彼德拉克，文学家薄伽丘、莎士比亚、塞万提斯，艺术巨匠达·芬奇、拉斐尔，科学家哥白尼、培根等，就是一批杰出的代表人物。我国春秋战国时期，是社会形态由奴隶制向封建制转变时期，激烈的政治斗争不仅催生了像商鞅、管仲那样的政治人才，而且催生了像孙膑、吴起那样的军事人才，还有反映这场斗争在哲学领域表现出的百家争鸣的繁荣景象。儒家的孔丘、孟轲、荀子，墨家的墨翟，道家的李耳，法家的韩非子，诡辩家公孙龙子等，就是各个不同学派的代表。

对社会需要的认识，往往与个人的切身体会有关。盲文创造者的出现，生动地说明了这一点。

法国人布莱叶三岁时不幸在劳动中划破了眼睛。他后来进了盲童学校。那时，盲童学校念的书是浮雕字母做成的，辨认起来很是费劲，如果想用盲文表达意思，更是困难。碰巧的是，一天某海军舰长来到布莱叶的学校，他拿来一种夜间通讯用纸，纸上戳着一个一个凸出的点，以此来相互传达命令。这事在布莱叶心中激起了联想：能不能用这个办法编制一套靠手摸凸点来识别的盲文呢？

我们今天看到的盲文读物就是布莱叶首创的。切身的体验，使他首先感受到了社会需要。强烈的社会责任感，促使他不屈不挠地研究盲文，终于获得了成功。

不符合社会需要，不合时宜，则注定了一生的失败。王充《论衡·逢遇篇》中记载了这样一件事：

从前有一个人数次求官而不得，年老发白，怀才不遇，在路上感怀伤情，不禁泪下。

有人问他："为什么哭呢？"

他答说："我一生数次求官，不遇明主，自感年老失时，所以伤心落泪。"

那人又问他："为什么老是求官而不得呢？"

他感叹道："我年轻的时候，学文。文德成就，想要步入仕途，但君王喜欢用有经验的老臣。等到喜欢用老人的君王死了，后来的君王多用尚武的人才，我又改为学武了。武节始就，喜欢用武的君王又死了。新的君王是个少主，好用少年，现在我又老了。所以，一直没有受重用。"

不难看出，这位老翁是一辈子不合时宜，一辈子没有与社会需要合上拍，当然屡遭挫折，只能"泣涕于途"了！

赶车、抄近路及其他

人生成功由三要素构成：一是才能，二是机遇，三是热情。错过机遇、坐失良机，至少意味着我们事业进程的推迟，从一定意义上说，这也是挫折。

良机不能坐等，捕捉时机贵在积极的行动。机遇最具有开放价值，它对每个人都公正无私，但并不是每个人都能得到，只有辛勤劳动、反复思索，才能抓住灵感，赢得机遇。

"情景一失永难摹"，古往今来有多少人因坐失良机而留下了千古悔恨和终生遗憾。作为现代人，则应该具有强烈的机遇意识和驾驭机遇的坚定性，正如郑燮《竹石》诗所说："咬定青山不放松，立根原在破岩中。千磨万击还坚劲，任尔东西南北风。"

时机，有时蕴含着机遇。

生活中到处都会遇到时机问题。农耕播种有时机："垦发以时，勿失其所"；教育有时机：过早徒劳无益，过迟则"勤苦而难成"；科研夺魁有时机：一环主动，则独占鳌头；体坛竞技有时机：随机而动，则金牌垂胸；经营决策有时机：裁断适时，则财利亨通；文艺创作有时机："但肯寻诗便有诗，灵犀一点是吾师"；战役进击有时机：赢得战机，则能决胜于千里之外；垂钓湖畔有时机："春钓雨雾夏钓早，秋钓黄昏冬钓草"；棋盘厮杀有时机：一步不当，身陷囹圄，"一着不慎，满盘皆输"……时机可以说是无事不有，无处不在，就看你如何去把握它。在现实生活中，由于时机因人、因地、因事而异，想要准确地把握时机的可变性，掌握驾驭时间的主动权却并非一件易事。

掌握了时机，也就赢得了机遇。

有人把机遇比作搭车，这一班车来了，赶快挤上去，至于下一班车什么时候到，只有天晓得。也许要等个把小时，也许永远搭不上了。

　　人生，是由无数个机遇怪圈组成的长链。有一位党校的老师说：粉碎"四人帮"以后第一批党校培训的干部，因为他们正赶上了大力提拔年轻人的时代，所以后来有不少当了"大官"。而第二批、第三批的呢？教学的质量是提高了，可未必有位子坐啦，位子被别人坐满了，有的甚至是两个人合坐一个位子。这也在情理之中，位子总不能空着不用，让机器停止运转，等着尚未冒出来的新人吧？而位子又需要相对稳定，不能甲的屁股还没有坐热，就让出来给乙坐，"皇帝轮流当，今天到我家"，实际上于事业是不利的。但是，这对于没有搭上前一班车而又无车可搭的人来说，毕竟是一个遗憾。

　　没有搭上车怎么办？通常的回答是：等！等啊等，岁月蹉跎，人生短暂，"朝如青丝暮成雪"，当我们发现自己的鬓角冒出几缕白发时，这一生便被等得差不多了。

　　搭不上车为什么一定要坐车？可否跑步赶去？可否抄近路（有时候抄近路比坐车还要来得快）？自己没有能力买汽车，为什么不能买自行车？三十六计，走为上，等为下。我们应该把别人用来等待机会、抱怨命运的时间，都用来完善自我、锤炼自我。我们也许不能创造客观的机会、不能驾驭别人，但为什么不能学会驾驭自己呢？一个人，无力驾驭别人，不足为奇，也不可悲，但驾驭不了自己，则实在是可悲的了。不是机会不钟情于谁，也很难说是社会扼杀了谁，因为无论在什么样的社会环境下，总会有

出其类拔其萃者。作为个人，我们应该这样提问题：别人行，为什么我不行？

当然，有时候万物之神确实可以彻头彻尾地难倒一个人。人是生活在诸多局限之中的。比如，你想去雁荡山，但赶不上车了，你抄近路，又有一条大河横在你面前，你却不会游泳，怎么办？尽快学会游泳，不失为一计。此外，可否做这样的设想：你为什么非去雁荡山不可？那些机会的宠儿们坐上车，喜滋滋地投到了雁荡山的幽深中，这时，你可否重新选择，只去不需搭车又不必过河的太姥山？雁荡山自有其妩媚，太姥山则有其雄浑，孰优孰劣？难说。

有车搭则搭车，无车搭则走路。抄近路，则骑马。去不得雁荡山，也不必痛苦和嫉妒，赶紧修正目标，我们不妨去太姥山、武夷山⋯⋯

条条道路通罗马，一路风尘自潇洒。这便是我的机遇观。

不要惧怕未知

我们先来看看某些人的这样一种心态和行为：

——一辈子总是吃一种风味的饭菜。这种人经常说：我就喜欢吃土豆烧肉。或者说：我最爱吃烧鸡了。虽然每人都有某种嗜好偏爱，但回避没有尝过的饭菜则是一种僵化行为。有些人从来没有吃过川菜或别的什么菜，其原因就在于他们将自己局限在自己所熟悉的事物中。他们如果愿意冲出自己所熟悉的领域，便会尝到各种奇异的美味食品。

——总是穿同样几种衣服，从不试试新式样也不穿其他衣服。

——每天都看与自己观点相同的书，从不接受任何不同观点。

——一辈子住在同一条街、同一个城市或同一个省，害怕搬迁到新地方去，因为那里的人、气候、语言、风俗习惯等等，都会有所不同。

——害怕尝试一项新的活动，因为你干不好。"我不会干这个，我就在旁边看看吧。"

——避免接触任何你认为异常的人，用贬义词语描述这些人，以使你避免因接触陌生事物而带来的恐惧。你不去试图了解这些人，而是将某些带有污辱性的标签贴在他们身上；不去和他们交谈，而仅仅在一旁议论他们。

——即使你不喜欢自己的工作，还是不想跳槽，不是由于你必须干它，而是由于害怕换一个新工作所带来的各种未知情况。

——勉强维持不美满的婚姻，因为你害怕那种陌生的独身生活。你已不记得结婚前的生活是什么样的，也不知道离婚后的生活将会怎样。尽管你所熟悉的婚姻生活并不令人满意，但这总比独身生活保险得多。

——每年都在同一季节、同一地点甚至同一旅馆度假，因为这一切都是熟悉的，你不必冒险到新的地方去度假，尽管这可能是一件令人愉快的经历。

——不管你干什么，总是用成败来权衡，而不是用乐趣来权衡，即仅仅去从事那些你能干得好的事情，而不去做那些你可能失败或做不好的事情。

——以货币为标准衡量事物的价值。如果某件东西的价格高，那么它的价值也高，因而表明你个人的成就也越大。要记住，我们可以用货币衡量已知事物的价值，但未知事物的价值是不能用货币来评估的。

——想方设法获得称号和头衔、名牌商品或其他象征社会地位的东西，尽管你根本不喜欢这些东西或它们所代表的生活方式。

——持有刻板的时间观念，让钟表主宰自己的生活，严格按照时间表生活，而不去尝试生活中大量的未知事物。无论何时何地，甚至在床上睡觉都戴着手表，并且受手表的控制。按时睡觉、吃饭，而不论你是否疲劳、是否饥饿。

——总躲在一群朋友中，从不去接触代表未知世界的其他人。总是与一群人来往，一辈子都置身于这个小圈子中。

——当你和爱人或朋友一同参加晚会时，从头至尾都和他（她）待在一起，并不是因为愿意这样做，而是觉得这样做保险。

——见到陌生人畏缩不前，因为你害怕同他们谈到陌生的话题，总以为陌生人肯定要比自己更强、更聪明、更有本事或更善谈吐，并且以此作为回避新经历的理由。

——无论干什么事，只要失败了，就拼命诅咒自己……

我们还可以举出许多类似的例子。这些例子反映了一个共同的问题：惧怕未知。惧怕未知的结果将是平平庸庸、浑浑噩噩地过一辈子，将是终生的失败。

我们不妨开一些医治以上心理障碍的"药方"，看看是否有益于摆脱这方面的挫折：

——努力尝试一些新事物，即使你仍然留恋着旧事物。例如，在饭馆里点一道你从未吃过的菜。

——邀请一群观点极不相同的人到家里做客，多和你不太熟悉的客人交谈。

——不要费心去为你做的每件事情找借口，当别人问你为什么要这样做或那样做时，未必要说出可信的理由使别人满意。你可以去做你决定做的事，为什么呢？因为你想这样做。

——试着去冒冒风险，使你解脱日复一日的单调生活。例如，你可以找另外一个工作，找一个你由于害怕其后果而一直避免与之接触的人，同他谈谈话。

——假设一种美妙的情景。充分发挥你的想象力，假如你有一大笔钱，足够在两个月内想怎么花就怎么花，你可以要什么有什么，你将会发现，你所设想的所有计划几乎都是可以实现的。你不会去要天上的月亮或者海底的珍珠，而是希望获得一些十分简单的东西。如果你不再惧怕未知并勇于奋斗，便同样可以获得这些东西。

——常常提醒自己，惧怕失败往往是惧怕别人对你的否定或讽刺。如果"走自己的路，让别人说去吧"，那你就能够用你自己的标准而不是别人的标准评估你的行为。你衡量自己行为的标准，不应是你的能力是否高于别人，而是你的能力不同于别人。

——试着去做你一直以"我做不好"为借口而回避的事情。你可以用一个下午来绘画，让自己得到充分享受。即使你画出的画很不好，你也没有失败。因为你至少高高兴兴地度过了一个下午。

——放弃"尽力做好每一件事"的信条，因为这是不必要的。不论是你，还是其他任何人，都不可能做好每一件事情。人是无法尽善尽美的。

……

每当你回避未知时，你应该马上警觉起来，同自己进行一场对话。告诉自己，在生活的具体关头不知道要往哪儿走，这并没有什么值得忧虑的。要改变一种习惯，首先对其要有所认识。记住：生长发展的反面是僵化死亡。这样，你可以下决心每天都以不同的新方式去生活，去发挥你的主动性，进而享受生活。否则，你就会做出另一种选择：惧怕未知，永远单调地生活，失去活力，在精神上死亡。

直面危机，迎难而上

人生有各种各样的不幸，在漫长的社会生活中，不知什么时候会碰到些什么，可谓"天有不测风云，人有旦夕祸福"。我们碰到不幸时，不能躲避、不能逃遁，相反，要把厄运当作幸运，勇敢地正视它。因为即使逃避，危机也会尾随而至。

正像古今人们所常说的那样，"父母与金钱不能永存，灾难和运气总会降临"。人的所谓幸与不幸，从某种意义上说，乃是上天所赋，即使运气来临，也难以不失时机地抓住它。从世人并非都是幸运的这一点来看，多数人都不知道自己何时走运、何时不走运。与此相反，不幸倒可能来得更加频繁。但是，只要我们能把不幸当作一次难得的锻炼机会，那么即使是在别人看来很倒霉的事情，对自己来说也难保不会有一次"枯木逢春"般的机会。

譬如说，由于机关人事变动，自己被安排去外地的下属基层单位挂职。谁都会认为单身赴任"怪可怜"的，可是，你要意识到这是一次好机会。

试想，自己是从众多的同事中被选拔出来的，与其在机关当一名长年不能晋级的闲官，还不如到基层去，这样也许能在你退休之前再一次大显身手。如此想来，精神也会振作起来。另外，你可否这样想想，像自己这样的年龄，正是经济较为紧张的时候，挂职补贴正可以补贴一下开销日增的家庭经济，所以即使自己辛苦一点也是理所当然的。因祸也可得福，关键是我们怎样对待。

孙子说过，遇到厄运时要"以患为利"。真正有头脑的人，知道事情与己不利，还要开动脑筋，看看是否还有利的一方面。这样，即使是严重危机，也会在它尚未形成之前就摆脱出来。

有一次，孙子接到吴王的命令，要他率兵迎讨侵入吴境的楚军，孙子立即着手准备。这时，探马纷纷来报，说楚军连拔吴国数座小城，而且楚军的大将指挥有方，已经占据有利地形安营扎寨。这就是说，敌人已经抢在了前面。这时如果吴军仓促出兵迎战，就中了敌人"以逸待劳"之计，不得不与楚军拼一死战。

这时，孙子想到，楚军不过是夺回了几座原属于他们的小城，而这对吴军来说，正是进攻的良机。于是，他点齐两倍于敌人的兵力，根本不理睬吴国边境的楚军，而是另辟蹊径直奔楚国，连拔数城。楚国没有料到对方会这样用兵，大为震惊，于是慌忙撤兵求和。

有时，我们会陷入前门进虎，后门入狼般的前后夹击之中，遭到敌人的左右攻击，四面楚歌，八方受敌。战国时代的军事家们认为，在这种情况下，要将兵力集中于一方面进行战斗，其余三方要避开敌人的火力。这种说法不无道理。按照孙子的军事观点，无路可走，军心就能稳固。壮大胆子，"横竖是豁出去了"，这样才能突破重围，才有出头的日子。其次，孙子还告诫说，如果八方受敌而又难于突破，那么这时最重要的是要团结一致，也就是说，内部不可分崩离析。如果全军上下人心涣散、不听号令，则必遭全军覆没之灾。如果是百般无奈，则不惜与敌一战。这时如果只想着"性命要紧"而弃戈奔逃，就会造成更大的伤亡。因为丧失战斗意志临阵溃败，就会助长敌军气焰，使之更加嚣张地掩杀过来。

人文主义心理学家马斯洛说："一个人面临危机的时候，如果你把握住机会，你就成才。如果你不把握住这个机会，你就退化。"中国有句古话"逆水行舟，不进则退"，和这个意思相近。一个人在遭到挫折的时候，他就面临一种危机。逃避危机的人，终归要失败。

直面危机，迎难而上，这是唯一的选择。

略有所知，别以为就"差不多"了

胡适先生有一篇散文，题目叫《差不多先生传》，文章既有趣味又有哲理，他写道：

你知道中国最有名的人是谁？提起此人，人人皆知晓，他姓差名不多，是各省各县各村人氏。你一定见过他，一定听别人谈起他，差不多先生的名字天天挂在大家的口头上，因为他是中国全国人的代表。

差不多先生的相貌和你我都差不多。他有一双眼睛，但看的不很清楚；有两只耳朵，但听不很分明；有鼻子和嘴，但他对于气味和口味都不很讲究；他的脑子也不小，但他的记性却不很精明，他的思想也不很细密。

他常常说："凡事只要差不多，就好了。何必太精明呢？"

他小的时候，他妈叫他去买红糖，他买了白糖回来，她妈骂他，他摇摇头道："红糖白糖不是差不多吗？"

他在学堂的时候，先生问他："直隶省的西边是哪一省？"

他说是陕西。先生说："错了。是山西，不是陕西。"他说："陕西同山西不是差不多吗？"

有一天，他为了一件要紧的事，要搭火车到上海去。他从从容容地走到车站，迟了两分钟，火车已开走了。他白瞪着眼，望着远远的火车上的煤烟，摇摇头道："只好明天再走了，今天走同明天走，也还差不多。可是火车公司未免太认真了。八点三十分开，同八点三十二分开，不是差不多吗？"他一面说，一面慢慢地走回家，心里总不很明白为什么火车不肯等他两分钟。

有一天，他忽然得一急病，赶快叫家人去请东街的汪先生。那家人急急忙忙地跑去，一时寻不着东街汪大夫，却把西街的牛医王大夫请来了。差不多先生生病在床上，知道寻错了人，但病急了，身上痛苦，心里焦急，等不得了，心里想道："好在王大夫同汪大夫也差不多，让他试试看吧。"于是这位牛医生王大夫走近床前，用医牛的法子给差不多先生治病。不上一点钟，差不多先生就一命呜呼了。

差不多先生差不多要死的时候，一口气断断续续地说道："活人同死人也差……差……差……不多……凡事只要……差……差……差……不多……就……好了……何……何……必……太……太认真呢？"他说完这句格言，方才绝气了。

无独有偶，鲁迅先生在他的小说《端午节》中也塑造了一个"差不多"先生方玄绰。自从他发现了"差不多"这个平凡的警句之后，对社会上的一切不平之事也就视若无睹了，"譬如看见老辈威压青年，在先是要愤愤的，但现在却就转念到，将来这少年有了儿孙时，大抵也要摆这架子的罢，便也没有什么不平了。又如看见兵士打车夫，在先也要愤愤的，但现在也就转念到，倘若这车夫当了兵，这兵拉了车，大抵也就这么打，便再也不放在心上了"。

胡适曾系统地学习西方近代科学知识与方法，使他眼光敏锐、胆大心细，具有一丝不苟的求实精神，因此他写这篇讽刺小品，来嘲讽那些处事不认真的人，一方面针砭国人敷衍苟且的态度，一方面也可见其弘扬科学精神的用心和薄弱。鲁迅也曾经说过："中国四万万的民众害着一种毛病。病源就是那个马马虎虎，就是那随它怎么都行的不认真态度。"胡适和鲁迅批评的都是懒人的积习，这种人的心理特征是把挫折的原因推到一件与己无关的事情上去，实质上是随遇而安，自我逃避，不思进取。

不论做人还是做学问，抱着"差不多"的想法，终就要失败。宋朝吕祖谦在《东莱博议》中有楚人学舟的故事，就是很好的说明。

有个楚国人请一位老舟工教他驾船。楚国人刚刚学会那会儿，无论什么动作，都严格按着老舟工的教诲去做。在老舟工指导下，他升起白帆，提桨击水，那小船就像行云流水，飞鸟掠空，快速向前行驶，不多时就顺水漂出千里远。

为了进一步提高他的驾船技术，老舟工还带他到水流湍急、礁石密布的水域进行试航。有一天，天气晴朗，浪静水清，水波不兴。楚国人驾着舟，在那水平如镜的河里随心所欲地行驶，他不知道能够做到这样，主要是由于碰上了好天气，却以为自己完全掌握了航船技术。于是，他辞退了老舟工。

楚国人从此骄傲起来，自以为了不起，在他眼里，大海不过是个水池，江湖不过是只水杯，没啥了不起！于是，他独自驾船，击鼓直进，闯入水势凶险的河道。

正当他得意地航行时，天气骤然变化，飓风以排山倒海之势，掀起万丈波涛，吞没了和煦的太阳。巨浪互相撞击，发出震天动地的轰响，惊得鲸鱼狂奔乱窜，骇得虬龙潜入海底。楚国人望着四周这可怕的情景，胆战心惊，不知所措，手中的桨落掉了，船舵也丢失了，最后船翻了，他自己也葬身鱼腹。

这个故事讽刺了那种在学习上浅尝辄止、盲目骄傲的人。他们轻视学问，满足于一知半解，略有所知，便以为"差不多"了，得意忘形，目空一切。这种人又贪功好胜，急于显示自己有限的本领。结果往往事与愿违，因为力不胜任，从而一败涂地。

当下，很多人认为自己的工作太简单了，根本不值得全身心投入，更不必花费太多精力，于是一边抱怨没有机会，抱怨上司不识自己卓越的才华，一边敷衍工作，只做到差不多、说得过去、上司挑不出毛病来就行了。殊不知，这种"差不多"思想导致的最后结果却是"差很多"。比如会计工作，你必须保证正确填写各种账簿和票据，任何一个都不允许有一点差错，不能百分之八十就算合格，百分之九十九都不行，必须做到百分之百。这才叫到位。很多员工在工作中不注意，认为工作做得差不多就行了，六十分就及格了。何必做到一百分呢？因此做事经常不到位，一旦出错又不得不重新做，既浪费时间和精力，还影响别人工作。

员工做事不认真，企业就不得不为弥补差错而付出很大的代价。只把工作做到"差不多"就好的心理对于职场中人是极其有害的，只以六十分要求自己的人，根本不可能激发出自己的潜能，实现业绩的提升。有的人尊重自己的工作，从不应付凑合，每做一件事情，都以做到一百分要求自己，这使他们的潜能得到了充分的发掘，单位时间内的工作效率提高了，总体工作时间完成的工作也更多更好了，创造出数倍于别人的业绩。

"差不多"就是差很多，差一点儿成功就是没有成功。"差不多"精神是企业经营的大忌，如果企业上下都形成了"差不多"的文化和风气，那么这个企业差不多就要走到尽头了。如果连企业的老总都喜欢用"差一点儿"为自己推脱责任，就很难想象这家企业能够像海尔、联想这样的国际知名企业一样，成为中国企业界的骄傲。

卓越员工懂得，差一点儿就是差很多，无论是经营企业还是做任何事情，细节决定成败是一项放之四海而皆准的信条。工作中总有一些看上去无关紧要的小事，正是这些小事能够决定一个人的成败。卓越员工对待小事上的一丝不苟使他们养成良好的工作习惯，从而开拓出他们职业生涯更为广阔的明天。在到处都是散漫粗心之人的社会，只有善始善终、一丝不苟工作的员工才能成为职场中的佼佼者。

目中无己的自贬人格

"不怕人笑话，就怕自己夸"，是不少中国人的座右铭。故作谦恭，自我贬低在中国几乎历来是一张步入天国的通行证。

《大卫·科波菲尔》里的尤莱亚，逢人便说"我是一个卑微的人"。由于作者淋漓尽致地刻画了他那"子系中山狼，得志便猖狂"的本性，即使中国读者看了也免不了要发笑、要厌恶。然而，在我们的生活中，由于生活的原型没那么极端，所以对类似的人却是见怪不怪、习以为常。

在传统中国，第一人称代词"我"是很少登上大雅之堂的，取而代之的大都是一些自贬性的字眼。比如过去子女对父母自称为"不肖"、"不孝"，学生对师长自称为"不才"，女婿对岳父母自称为"愚婿"……乃至成年之后，这种尽量降低自己价值和地位的说法依然出现在各种场合，如称自己家为敝舍、寒舍、茅舍，称自己的文章为拙作，称自己的孩子为犬子等等。

倘若受人夸奖，第一反应就连声否认，轻者自称"过奖了"，

重则把自己大贬一通，说得一钱不值才罢休；请人吃饭，即使在烹调上亮出了十八般武艺，受到客人赞赏，也得赶紧声明是"粗茶淡饭"；即使个人干出了成绩，也不敢自认自领，非得说成是大伙的。比如独立完成了一个科研项目，在总结成绩的时候，就得把诸路菩萨全请出来，利益均沾，什么"离不开领导的鼓励"啦，"离不开同事的合作"啦，"离不开食堂大师傅的支持"啦，等等。

反过来，在社会道德评价中，倘若你要略微表现出一点自信、自尊和自爱，那就免不了招来"骄傲"的贬斥。"骄傲"在中国，是个被放大了的缺点，与此同义的贬义词，在书面文字中有狂妄、自负、自命不凡、好高骛远等等；在民间口语中有牛气、臭美等等。

倘要寻根，这种"自贬"恐怕由来已久。过去大臣对皇帝，张口就是"皇上圣明，奴才该死"，这已经把自己贬到奴隶的位置上去了。因此，一般的平民百姓，说什么"愿效犬马之劳"，把自己降到动物的水平，也就不奇怪了。

曲意奉承、溜须拍马之徒总是以丧失自尊为代价的。在一个推崇自尊自爱的文化氛围中，一副阿谀的面容不仅会令旁观者恶心，而且被奉承者也会大倒胃口。可是，在我们日常生活中，这样的人恰恰左右逢源。

在语言中还有这么一个有趣的比较，如果要写某一个人的名字，那么，在英语中的语序排列是：名——姓——居住街道和房号（或供职单位）——城市——省——国家；在汉语中的语序排列却恰恰相反，首先是国名、地名，接着是居住地址或供职单位，然后是表示你的血缘关系的姓氏，最后才是真正属于你自己的名字。老祖宗当初发明这种语序排列是否意在贬低个人的价值呢？不得而知，有待语言学家去考证。但是，这同我们文化中的非我化倾向是如此一致，恐怕不是巧合。

下面列举一些在日常生活中有意无意地自我贬低的典型行为，以期引起反思：

——回绝别人对你的赞扬（"噢，这没什么……""这并不是我聪明，只是运气好……"）；

——为你的漂亮仪表做出解释（"是理发师的手艺好，他能把丑八怪打扮成仙女……""真的，主要是这件衣服好，颜色挺配我……"）；

——当你理应得到赞扬时，却总归于别人（"多亏了他，没有他，我真要一事无成……""这工作都是他做的，我只不过在旁边指点一下……"）；

——在说话时总是提及别人（"我丈夫说……""我妈妈觉得……"）；

——希望别人证实你的看法（"对不对，亲爱的？""我就是这么说的，对吧？"）；

——在饭馆里，不去点你想吃的那个菜，并不是因为你吃不起(尽管你也许以此为理由），而是因为你觉得自己不配吃那个菜；

——不给你自己买些自己喜欢的东西，因为你觉得自己不配；

——在一个挤满了人的房间里，有人叫了声："哎，傻瓜！"你马上应声回头；

——一位女性同意和你约会，你却觉得她是为了不伤你的心才同意的……

犹太人经常用这样一句话勉励自己，人类最大的弱点就是自贬，亦即廉价出卖自己。这种毛病以数不尽的方式显示。例如，约翰在报上看到一份他喜欢的工作，但是他没有采取行动，因为他想："我的能力恐怕不足，何必自找麻烦！"

有一位姑娘叫雪莉，长得非常漂亮，有许多男性在追求她。尽管她非常想结婚，但和她接触的所有男性都不欢而散。原来，雪莉每次都在无意识地破坏接触的机会。如果一个小伙子告诉她，他喜欢她或爱她，她在心里反而会想："他知道我想听这句话才这样说的。"雪莉总是在说一些否定自我价值的话，由于她自我贬低，所以她也拒绝别人努力给她的爱。她根本不相信有谁会以为她长得好看。为什么呢？因为她首先就不相信她是值得爱的。这种周而复始的自我摒弃的思维方法，使得她更以为自己是没有价值的。

　　自贬往往是位卑者的伎俩。这伎俩的展示，有时候是自愿的，有时候是被逼的或假装的，有时候却兼而有之。像一个人并非故意办了错事，后悔之余称自己糊涂，则是自愿的；若是一个人面对强者或是恶者，不自贬便可能招致祸灾，其自贬就是被逼的或假装的。而那兼而有之者，多是在铸成大错的时候。不管原因如何，其目的多是一种：讨人家的喜欢。吹捧呢，与自贬异曲同工。

　　几千年以来，很多哲学家都劝告我们要认识自己，大部分的人都把它解释为"认识你消极的一面"，所以自我评价都包括太多的缺点、错误与无能。如果我们能认识自己的缺点是很好的，可借此谋求改进。但如果仅认识自己的消极面会陷入混乱，使自己变得没有什么价值。要正确、全面地认识自己，绝不要看轻自己。

　　自我贬低，也许可以安稳立足于社会，取媚邀好于世人，然而长此以往，一个人十分的才气，也许要磨去八九分吧。如此，又有何建树可言！整个一生就是虚度，就是挫折，岂不悲哉！从某种意义上说，目中无己，自暴自弃，是终生挫折者的人格。

脆弱，是致命的性格弱点

人生的许多挫折，与其说是外界造成的，不如说很大程度上是因为自身的脆弱。

柏杨写过《丑陋的中国人》。丑陋是一个模糊的词，是外表丑陋还是内心丑陋？其实，中国人多是很善良的，道德是很美的。如果把丑陋解释为民族性格的弱点或叫民族劣根性的话，那我要问，为什么会这般丑陋呢？我以为，很重要的原因就在于某些中国人的脆弱。

中国的某些母亲是脆弱的。她们一生下儿女，首先想的是她有了一个掌上明珠，儿女在母亲眼里总蒙上温情脉脉的迷雾，从古到今，永远长不大。在她们眼里，儿女，尤其是儿子，哪怕当了皇帝也还是她们的儿子。她们不是首先想到，一个新的生命诞生了，

一个独立的人格萌芽了。她们不知道，儿女不是她们的财富，而是人类从昨天走向明天的桥梁，因而儿女首先是属于儿女自己和整个人类。她们习惯于"在家从父母，出嫁从丈夫，夫亡从儿子"，儿子是她们的靠山。这种母亲恨不得永远把儿子系在腰带上，让儿子如影相随。古诗云："慈母手中线，游子身上衣，临行密密缝，意恐迟迟归。"母亲是可怜的，离开了儿女，生命便倾斜了。因而，不到万不得已，儿女只能面向黄土背朝天，终生捆在故乡垂死的老树上。

如此脆弱的母亲，培育的一定是一样脆弱的儿女。父母死了，管他边塞狼烟，民族危亡，本人回家守孝三年再说。即便今天，有的人依然难有四海为家之豪气，没有力量承受羁旅之愁、孤独之苦。"亲不亲，故乡情；甜不甜，家乡水"，为了天伦之乐、家乡山水，宁可放弃专业、放弃特长，以极大的代价，三年五年奔波，请客送礼，竭尽全力，就是为了回到故乡的怀里小憩。虽然中国有古话说"何处黄土不埋人"，实际上多数人是非得故乡黄土才安眠。故乡情长，母子情长，儿女情长，唯报国气短。

在经济上，是穷守财奴，抑制消费，从牙缝里也要抠出一些钱，

埋在黄土下或者隔墙中。他们的理论是"不怕一万就怕万一"，战战兢兢，似乎天天都有"万一"。脆弱到在天灾人祸面前，忘记了自己作为活生生的人应该干什么，能干什么。

在对待自己的弱点上，比如，我这篇文章主题是说中国某些人的脆弱，他便会举出屈原、林则徐、鲁迅、柏杨，一大堆不脆弱的中国人及其事件例子，然后说："难道中国人脆弱吗？"如此，又把自己的脆弱掩盖过去了。或者，他还可以罗列一箩筐美国人、英国人、德国人脆弱的例子，于是说："难道外国人都不脆弱吗？"很合理，脆弱得可爱。这种人，在为自己开脱的同时，也在塑造心幻的自尊。这种自尊表现为一句通俗化的语言是："哼，没有什么了不起！"外国的长处没有什么了不起，别人的成就没有什么了不起，唯有满嘴的"没有什么了不起"，这句话才是第一了不起的。一个人，正视自己尚且不敢，又如何正视严峻的人生，正视复杂的社会？这种人极为自尊的外表，裹着的是极为自卑的脆弱的灵魂。

在自己与上级的关系上，不把自己看成是与领导人格平等的独立的人，而看成是一种依附，织关系网，攀龙附凤。"好风凭借力，送我上青云"，他们的处世哲学是：提拔嘛，又是"提"又是"拔"，

都是来自上头的力量，没有领导的提携，再大的本事也等于零。鞍前马后为上司跑，出生入死为上司干。领导往上爬，部下长一寸，加强关系网，富贵无不有。倘若攀不上关系网或者失宠了呢？不是丢魂落魄，便是臭骂一场。不过，这得背后骂，当着领导的面，又得点头哈腰，唯唯诺诺，唯命是从——大丈夫能屈能伸，好汉不吃眼前亏……

凡此种种，不一而足。

中国人的心灵太脆弱了！这固然是几千年来饱经沧桑、各受高压的结果，但是，我们也应该看到，无数的作为个体的中国人的内心是不健全的。中国人的内耗是极大的，自己为自己的心灵带上了无形的沉重的枷锁，既是自己的暴君，又是自己的奴隶。

脆弱，是致命的性格弱点，将让自己的一生充满挫折。

没有自由的心灵就没有伟大的创造，战胜自己的脆弱，推翻自己的暴君，解放自己的奴隶，让发霉的心灵在时代的太阳下新生吧！

人生之乐就在于
对痛苦的不断否认之中

　　各人自有各人的痛苦。痛苦常常把沉溺其中而不能自拔的人湮没了，吞噬了，毁灭了。我们对痛苦没有一个清醒的认识，又如何摆脱人生的挫折呢？

　　德国哲学家叔本华说，痛苦在于人本身的"欲求"。对于人来说，有了"欲求"，实在是不堪其苦的事。欲求出于缺乏，欲求被满足一个，又会滋生出十个；满足也是稍纵即逝的，因为它马上让位于新的欲求，即新的痛苦。叔本华是从人的本身出发对痛苦进行沉思的。而鲁迅，则是把人的痛苦与社会的现状联系起来。他在《关于知识阶级》一文中说："真正的知识阶级对于社会是永不会满足的，所感觉的永远是痛苦，所看到的永远是缺点……"而他们"心身方面总是痛苦的"，希望变革社会而滋生的不满是痛苦的根底。

　　我查了辞典，痛苦者，人的身心非常难受也。人的欲求，有"身"的方面，主要体现在衣食住行等需要，这在当代社会，相对来说，是比较容易得到满足的。人的欲求更多的则是"心"的渴求，心最是"贪得无厌"。而心的痛苦的渴求至少包含两层含义：第一层是对事业的不懈追求，是对知识的永不满足。人生有涯，永远得不到"欲求"的彻底满足，因而永远是痛苦的。第二层意思是作为立体的人，自身灵魂阳的一面与阴的一面痛苦的搏斗。

如今，人们关于人的自身的观念，已经立体化、系统化、深刻化了。在某一特定的历史时期里，在某一具体的环境中，伟人的卑微与小人的伟大，都不是什么不可理解的世外奇闻。一个杰出的人，不可能是洁白无瑕的人，他的一生应该是不断地战胜自身灵魂的种种弱点，正所谓从"小人"走向"伟人"的历程，是痛苦的自我反思与批判的历程。卢梭的《忏悔录》、托尔斯泰的《复活》等等，都是心灵痛苦的记录。

《庄子·逍遥游》中有一段"斥鷃笑鹏"的故事：古时候有一只鹏鸟，它的脊背好似巍峨的泰山，展开双翅，宛如遮天的云霞。它平时栖息在北山之上，须待六月间羊角旋风刮来，便借着风势，舒展双翼，乘风直上九万里；然后背负青天，翅绝云气，直飞向南，最后在海南上降落。这时，有一只小鷃看见鹏鸟掠天而来，心想，它多么可笑！我虽然跳不到一尺，飞不过数丈，可是爱跳就跳，爱飞就飞，在麻蓬刺棵里钻进钻出，多么自在！这则寓言给我的启发是：鹏鸟有鹏鸟的痛苦——尽管它可乘风直上九万里，但没有大风就飞不起来；斥鷃有斥鷃的痛苦——虽然它自由自在，但它只能在麻蓬刺棵里钻进钻出，永远飞不到鹏鸟那样高远。总之，它们都生活在一个局限中，"皆有所待"，都有痛苦。

然而，鹏鸟与斥鷃的痛苦在性质上是不能相提并论的。也许，鹏鸟的早年，也像斥鷃一样在麻蓬刺棵间自得其乐。可是，随着岁月的流逝，它已经挣脱了这卑微的可怜的无聊的境界，达到了新的高度，有了新的快乐也就有了新的痛苦。而斥鷃呢，它永远达不到鹏鸟的境界，因而用"笑鹏"来掩盖自己无聊之痛苦——这是某些中国人典型的"酸葡萄哲学"，就像鲁迅先生在《两地书》中所说："醒的时候要免去若干苦痛，中国的老法子是'骄傲'与'玩世不恭'……"斥鷃便是带有阿Q似的"骄傲"与"玩世不恭"的。如此看来，斥鷃与鹏鸟的痛苦，其价值是大不一样的。

固然每个人都有一本难念的经，都有苦恼与痛苦，但痛苦的内涵不同。可能皇帝是痛苦的，宝座稳不稳？兄弟是否想篡位？左右忠不忠？儿子有没有野心？还有皇后贵妃靠不靠得住……忧心忡忡，草木皆兵。这是很可鄙的痛苦。乞丐也是痛苦的，乞丐那种求人施舍的痛苦人人皆知，自不待言。这是很可怜的痛苦。此外，那种因失恋痛不欲生而不能自拔者的痛苦，不是卑微的痛苦吗？那种自以为看破一切、玩世不恭者的痛苦，不是无聊的痛苦吗？这类痛苦，有多大价值，得打一个问号。

痛苦并不总是消极的东西，苦比无味要有味。自觉人生的痛苦，就是脱离了麻木状态，就是一种觉醒。痛苦往往比快乐更深刻，更有力量。高尚、深刻的情感和思想，往往产生于极度的痛苦之后。

在这痛苦之中同时就可以尝到事业进步、人格净化、灵魂洗礼的幸福。但是，我们并不赞成可鄙的、可怜的、卑微的、无聊的、贪得无厌的、消极的痛苦，那是走向堕落和深渊的滑梯。看来，尽管痛苦的灵魂未必是伟大的灵魂，但伟大的灵魂必定是痛苦的灵魂。作为主观的人，他们有探索新知与自身不断完善的痛苦；作为社会的人，他们有理想与现实的距离所滋生的不满而导致的痛苦。两者统一在"不满"之下。鲁迅说，不满是向上的车轮。由此推论，不满则是痛苦的根源。正如母亲生产婴儿，沉重的痛苦之后，必定是自我的新生，必定是时代的巨大变革。敢于正视自己，正视社会，经历痛苦的挣扎，产生新的自我，是自我完善和社会进步的重要一步。

人生充满种种痛苦，但我们不能因此而及时行乐，荒废学业，丧失理想，自暴自弃。我们要开阔人生的视野，应在伟大的、高尚的痛苦情感的洗礼下，胸怀鹏鸟之大志，净化我们的灵魂，挣脱痛苦，达到新的境界亦即新的痛苦，再挣脱、再追求……

人生之乐就在于对痛苦的不断否认之中。

人生的钟摆，
在挫折与成功之间晃动

　　人人都有欲望，贪欲无度，贪得无厌，将四面楚歌，八面碰壁。反之，欲而有度，正确疏导，欲求之火将成为人生的动力。人生的欲求不得满足，是痛苦，是挫折；经过奋斗，满足了，实现了，是幸福，是成功。

　　《庄子·逍遥游》中有个故事说，尧把天下让给许由。许由说：你治天下，天下已经安定了，而我来代替你，我为着名吗？名是虚的呀。小鸟在森林里筑巢，所需不过一枝；鼹鼠到河里饮水，所需不过满腹。他回绝了尧。

　　就故事本身而言，我以为许由是一个极开通的人，把世事人生看得很透：不奢求，无贪欲。我是一只鸟，只要一棵树；我是一只鼠，只要喝饱肚。

　　人是平凡的，但大多凡人都有一点"非凡"的意识，不是那么甘于平凡，区别只在于有的人含蓄一点，有的人欲望平淡一些。何谓不凡？就是鹤立鸡群，高出凡人。怎么高？钱有了一万不够，要十万，无数万；有了小官不过瘾，伸手讨大官等等。就像鹧鸪鸟一样，占了某山头一棵树不够，要占一个山头，似乎这个山头也就是它的了，别的鹧鸪鸟再来占，就要恶斗一场。其实，它何必要占一个山头呢？它又怎么可能占得了一个山头呢？这是一种贪欲——过度的金钱欲、权力欲……

　　写到这里，我又想起《红楼梦》中的《好了歌》："世人都晓神仙好，唯有功名忘不了！古今将相在何方？荒冢一堆草没了。世人都晓神仙好，只有金银忘不了！终朝只恨聚无多，及到多时眼闭了……"这似乎是说，人虽贪欲无度，但终有"眼闭了"和"荒冢草没了"的时候。总之，人有一死。

　　世上有种种不平等，有时候，人和人之间的不平等，比人和动物之间的不平等还要大得多。但是，人人都有一个绝对平等的归宿，这就是人人都有一死。人一生下来即被判了死刑。我想，一想到这最可怕而又最实在的命题，也许我们的心境都应该平和一些。既然我们在人世间逗留的时间是有限期的，而这个限期又是这样短暂，我们最需要考虑的是怎样度过幸福的一生。

　　不作非分之想，不求分外之物，无欲则刚，刚正不阿，这是立身之本。这里要强调的是，我们不否认欲望的合理性，七情六欲属人伦之常，合天理顺人情。我们反对的是贪欲——自己能力之外的地位之贪求，自己及家人正常需要之外的财物之贪求，等等。这些都是有悖我们民族伦理，客观上要损人、害人的勾当。欲望之无法彻底满足，决定了这些贪欲者的一生注定是可怜的一生。当他们老而将死的时候，张着浑浊的双眼，看着孤独的夕阳，那该是一种怎样的惆怅啊！可惜，晚了。

欲望是一种内趋力。欲火在心中燃烧，会把灵魂烧焦的。排除世俗的贪欲，不等于无欲望。但是，这欲望之火应该怎样"发泄"呢？我以为，在于欲望转移。我是一只鸟，占一棵树也就够了；我是一只鼠，喝饱肚也就够了，世俗的欲望相当平淡。一方面的平淡便决定了另一方面的强烈。其余的欲望之内趋力，我们应将其转移到求知奉献上——对人类无穷智慧的探求，并在探求中，客观上为人类的进步事业尽了绵力。如此，愈是"贪得无厌"愈好，这一生愈是幸福。

人的本质归根到底乃是痛苦，这是叔本华人生哲学的基调。人的欲望难以满足是痛苦，一旦人的欲望得到满足，空虚无聊即刻就会穿着令人生愁的灰色褂子破门而入，这便引起另一种新的痛苦。因为，人像钟摆一样，在痛苦和无聊这两极之间来回地摆动，周而复始，循环往复。

应该说，叔本华对人生怀有深刻的偏见和难以名状的恐惧，但他关于钟摆的比喻还是美丽动人的。我想接过他的话说：人生的确像钟摆一样，但不是在痛苦和无聊，而是在痛苦和幸福间无休无止地摆动，痛苦，幸福，痛苦，幸福……这就是人生。

人有七情六欲。欲望不能满足，即派生出痛苦。但正是因为有欲望，才会有奋斗和追求。这种奋斗和追求，叔本华把它描述为"生存意志"。他认为，我要看，视的意志产生了眼睛；我要听，闻的意志产生了耳朵；我要说，言的意志产生了嘴巴……这是一定欲求的满足，是对痛苦的一种否定。

痛苦是相对于幸福而存在的。叔本华似乎并没有否认欲望的实现是一种幸福，而是认为幸福只是暂时的、消极的。当然，如果人们把某一具体欲望的实现所滋生的幸福当作归宿的话，无疑是无聊的。问题是，从总体趋势看，健康的人生并没有把某一境界的实现当作归宿，这是人的本质所决定的。叔本华的错误在于，用静止的眼光来估价人类对欲望的态度。

人生往往是这样的：从欲求（痛苦）到欲求的实现（幸福），又会走向新的欲求以达到新的实现，这种往返就像钟摆一样无休无止。自然，人生之钟有一个具体的"十二点"，循环一周后，又回到了"十二点"，但"A 十二点"与"B 十二点"有着完全不同的内蕴和意义。人类几千年前就有了手和脚的分工，但是，这一欲求满足以后，几时停止过新的追求？今天，人类一定程度上征服了地球，但人类不正在向月球进军，以求在未来可以开采月球以造福地球吗？

　　人有欲求就有痛苦，这是没有疑义的。但是，如果把现实当作新的欲求的开端，则应该认为是幸福的。如果说人生是一艘船，那么，只有荡着痛苦和幸福的双桨才可前进。感受不到痛苦的人，是麻木的人；沉湎于幸福的人，是浅薄的人；把人生看成是绝对痛苦和绝对幸福，殊途同归，都是毁灭。

　　人生的钟摆，在痛苦和幸福、挫折与成功之间晃动，晃动中，生命的钟在前进，在延伸。每次延伸，都是一种否认，是进步，而在这永远的延伸中，人类尽管为延伸承受着痛苦，但一路上却领略着前人所不可领略的无限欢愉——这就是人生的魅力，这就是人类之所以繁衍不绝而不被痛苦埋没的奥秘。

阴阳人格，
成功人生之大碍

不健全的心灵是造成人生挫折的内在根源。一个没有独立人格的人，很难想象他会有所建树。我以为，成就事业的最大人格障碍是阴阳人习性，或曰主奴根性。

报上时不时有关于阴阳人的报道。所谓阴阳人，就是不男不女。好在时下医术发达，动动手术，或整治为阴或整治为阳，使得有的人既领略了丈夫之欢，又感受了妻子之娱。

生理上的阴阳人毕竟是少数，若说心理上的阴阳人，则数也数不清了。

中国古代的阴阳术极为发达，且阴阳所包含的意义极其深远。汉儒董仲舒在《春秋繁露·基义》中有这样一段话："君臣父子夫妇之义，皆取诸阴阳之道。君为阳，臣为阴；父为阳，子为阴；夫为阳，妻为阴。阴道无所独行，其始也不得专起，其终也不得分工，有所兼之义。是故臣兼功于君，子兼功于父，妻兼功于夫，阴兼功于阳……""阴兼功于阳"，这是一句概括性很大的话。

它表明：皇帝是阳，为人臣者是阴；大臣是阳，小官是阴。在皇帝面前是阴，在老婆面前是阳；在大官面前是阴；在小官面前则是阳。如此看来，中国人身上都有阴阳二重性，都是阴阳人了。也许你会说，皇帝不是绝对的"阳"吗？其实也不尽然。《春秋繁露·玉杯》中还有一段话说："春秋之法，以人随君，以君随天。故屈民而伸君，屈君而伸天，春秋之大义也。"如此看来，在天这个"阳"面前，皇帝也是"阴"了。皇帝也逃不脱阴阳人的境地。

阳，是支配，是驾驭；阴，是被支配，被驾驭。中国的人际关系构成，就是阳支配阴，为阳的时候支配阴，为阴的时候被阳支配。如此的社会结构，造就了中国人骨子里的阴阳双重人格。范进中举是一条界线。中举前是阴，是胡屠户的女婿，中举后是阳，是老爷；胡屠户则由阳变为阴，岳父降为臣仆。贾政在元春面前本为阳，元春成元妃，贾政也要三叩九拜，也成了"阴"了。作为艺术形象，刻画和暴露国民主奴根性最生动、最深刻的是阿Q。早在阿Q刚登场出现在未庄的时候，就很有点"羊相"。赵太爷儿子中了秀才，未庄最有身份的人家里有喜，阿Q就很得意地去认本家。虽然赵太爷不识阿Q的"抬举"，打了他一个大嘴巴。但这一打，使阿Q出了名，成了"孔府里的太牢"。赵太爷下过箸，未庄的阿七阿八之类，便不敢妄动了。此后阿Q得意了许多年，但直到死，他都是一副"羊相"。革命不成，被投入衙门，他一见"一个满头剃得精光的老头子"危坐公堂，"便知道这人一定有些来历，膝关节立刻自然而然的宽松，便跪了下去"，别人要他"站着说，不要跪"，可是阿Q"总觉得站不住，身不由己地蹲了下去，而且终于趁势改为跪下了"。

阿Q非常尊敬有身份的人，尊敬到不讲自己的人格去拍马屁，给赵太爷附骥尾；而且阿Q对官府的印象"格外深"，深到根本不想自己有罪无罪，只要被带上公堂，双膝自然发软。直到他双手发抖地画了圆圈被拉出去杀头，他没有过过"人"的日子，从来不知道独立的人格尊严为何物。他的死是屈辱死。然而，阿Q又不只是显"羊相"，也很有些"凶兽相"。例如某天他和王胡并坐捉虱子，阿Q对王胡就很"看不上眼"。"这王胡，又癞又胡，别人都叫他王癞胡，阿Q却删去了一个癞字，然而非常蔑视他。阿Q意思，以为癞是不足为奇的，只有这络腮胡子，实在太新奇，令人看不上眼，他于是并排坐下去。倘是别的闲人们，阿Q本不敢大意坐下去。但王胡的旁边，他有什么怕呢？老实说：他坐下去，简直还是抬举他。"王胡的虱子比他大，咬得比他响，阿Q就受不了，顿时破口大骂，演出一场龙虎斗。阿Q对小D充满了鄙夷和憎恨。当年小D谋了他的饭碗，阿Q便"怒目而视"，骂小D是"畜生"。后来"革命"了，他又不准小D"革命"。他看见："小D也将辫子盘在头顶上了，而且居然用一枝竹筷，阿Q万料不到敢这样做，自己也决不准他这样做！小D是什么东西呢？他很想即刻揪住他，拗断他的竹筷，放下他的辫子，并且刮他几个嘴巴，聊且惩罚他忘了生辰八字，也敢来做革命党的罪。但他终于饶放了，单是怒目而视地吐一口唾沫道：'呸！'"对于"阿Q本来视若草芥的"小尼姑之流，阿Q的"凶兽相"就更"凶"。赌钱输得精光，就往小尼姑脸上抓一把，以为他人的痛苦作为自己屈辱之补偿，还振振有词："和尚动得，我动不得？"阿Q在赵太爷眼里本不算东西，他够卑贱的了，但阿Q在他眼里的"草芥"面前，自诩主子，借用种种方便得点小便宜。阿Q陷于分裂的双重人格，根本就没有属于他自己的"自我"，他那种分裂的人格随具体情景而游移变化：忽主子，忽奴才，忽阴，忽阳。

既是主子的劣根性，又是奴才的劣根性，主奴可以互变。这也如鲁迅所说，中国只有暴君和奴才。在弱者面前是狼，在强者面前是羊。或者暴君或者奴才，阴盛阳衰，阳盛阴衰。

给生理意义上的阴阳人动手术是不难的，给心理上的阴阳人动手术则难，甚至可以说这不是手术问题而是换血问题。没有人格的独立，倘若永远是主子指挥奴才，愚昧的主子和麻木的奴才，又怎么可能建设人间的花园呢？又如何不遭受人生的种种挫折呢？

自知轻重

不知轻重的人终就要遭人唾弃。自视甚高的人，在人生路上会碰到一个又一个钉子。

我们从文人的一些积习讲起，大家不妨看看，自己身上有没有诸如此类的"文人积习"。

林语堂先生在《名士派和激昂派》一文中写道："我主张文人亦应规规矩矩做人，好像古来文人就有一些特别的坏习气，特别颓唐，特别放浪，特别傲慢，特别矜夸。因为向来有寒士之名，所以寒士二字甚有诗意，以寒穷傲人，不然便是文人应懒（毛病在中国文字'慵'、'疴'诸字太风雅了）。再不然便是傲慢，名士好骂人，所以我来骂人，也可以成为名士。诸如此类，不一而足。这都不是好习气。名士派是旧的，激昂派是新的。大概因为文人一身傲骨，自命太高，把做文与做人两事分开，又把孔夫子的道理倒栽，不是行有余力，则以学文，而是既然能文，便可不顾细行。做了两首诗，便自命为诗人，写了两篇文，便自诩为名士。在他自己的心目中，他已不是一个常人了，他是一个文豪，而且是了不得的文豪，可以不做常人。于是人家剃头，他便留长发，人家扣纽扣，他便开胸膛，这样才成一个名士。都是这一类人不真在思想上用功夫，在写作上求进步，专学上文人的恶习气，文学上怎样好，也无甚足取。要知道诗人常狂醉，但是狂醉不是诗人，才子常风流，但是风流未必就是才子。李白可以散发泛扁舟，但是散发者未必是李白……好像头一不剃，诗就会好，胡须生虱子，就自号为王安石。夜夜御女人就自命为纪晓岚。为什么你是规规矩矩的子弟，一旦做文人，就可以诽谤长辈，这是什么道理？"

林语堂所抨击的这一类人，就是不知轻重的人。一般说来，这种人对人对己都不会有一个正确的估计。

秤别人似乎和秤自己的体重一样容易，画一条线，定几个标准，就可判断他人的价值或者轻重。别人毕竟不是自己，准确与否，无甚关系。然而，自己到底有多少分量呢？总不能自己提着自己的头发秤自己吧。因而把自己看得重于泰山和轻于鸿毛的事，都是经常发生的，所谓"不知轻重"是也。

中国的儒士是很看重自己的。比如说孟子吧，他的关于"劳心者治人"的内涵，不仅在于国家的管理，更根本的在于参与政治。在孟子思想里，"士"绝不是为现实政权服务的一批雇员，而是为王者师。他看不起政治上影响非常大的政治家，认为他们所遵行的只是妾妇之道。孟子面对大人物而轻视之，因为大人物所要的、所有的，都是我不要的；他有权有势，但我不在乎这些；而我有的，他根本不可能有，我有的是一种历史意识、文化感受、社会责任和道德自觉。因此，中国传统知识分子以现代眼光看好像都是不可一世的自大狂——十分看重自己。

时下中国，不少人虽然作不出先秦诸子那样的大文章，但很好地继承了儒士们的"遗产"——从骨子里看重自己。发了几篇大作，或者得了什么奖，似乎从此伟大起来，他所从事的职业，也仿佛是天下最为高雅的了。虽说他本来便不是一根鸿毛，起点较高，也许是一块山丘，但是，无论如何膨胀，也难因发了几篇文章就有泰山一般轻重了。

过于看重自己，是某些中国文人的积习，也是他们的肤浅。会写文章，某篇文章里有了一丝新意，这和技术员会设计电风扇，某种电风扇多了一点新花样有什么两样？工人们生产电风扇给作家们吹，作家们吹着风扇写出文章，给愿意读的大众看，彼此互相满足，如此而已。我佩服阿城的"三王"（《棋王》《树王》《孩子王》），更佩服阿城有了"三王"还如此清醒。他是这样自我评估的："我的经历，不超过任何中国人的想象力。大家怎么活过，我就怎么活过。大家怎么活着，我也怎么活着。有一点不同的是，我写些字，投到能铅印出来的地方，换一些钱来贴补家用。但这与一个出外打零工的木匠一样，也是手艺人。因此，我与大家一样，没有什么不同。"阿城名满文坛，蜚声海外，如此知轻重，相比之下，那些只有八两吹嘘两斤，短斤少两推销自己的文痞，难道不应感到脸红？

有趣的是，某些太看重自己文章或才华的人，因为别人不看重他的文章和才华，又往往变得自轻自贱：说什么九儒十丐，现在当乞丐都要比文人富，要改为九丐十儒了。为了改变如此窘境，也不妨炮制一些"醉入花丛"、"野性婚配"之类。利重于泰山，义轻于鸿毛。一位厂长大人说："我出两瓶好酒就有作家为我写文章！"听了这话，我想起了天平，天平的一端是酒，另一端是作家。瓶装的酒一般每瓶一斤，呜呼，一条汉子只有两斤重，悲哉！

"穷且益坚，不坠青云之志"，这是文人们都知道的古训。况且，时下的中国文人虽然不富，也并非特别穷，不过和一般百姓一样而已，并没有穷到非卖灵魂才可度日的境地呀！

写到这，我想起了清朝的施世纶。施世纶生得嘴歪、眼斜、秃头、麻脸、鸡胸、驼背、跛足。这么一副尊容，不被人看轻才怪呢！然而，康熙得知他有抱负，亲试其才，命施以自己的形象作诗一首，施立即吟道："臣子施世纶，顾影作诗文。秃头耀明日，脸麻布星辰，背驼安邦策，胸凸装经纶。足跛见明主，单腿跳龙门。圣上重真才，不以貌取人。"康熙甚喜，派任扬州、苏州知府等职。据《清史稿》称，施颇有政绩，民称"青天"。

这段轶闻，除赞扬康熙不以貌取人，还表明了施世纶没有因自贱而自轻，而是恰如其分地看重自己。我以为施世纶是一种象征，从他身上应该悟出什么，无须多言，读者自然意会。

不特别看重自己，哪怕自己真的是雄杰俊才；不特别看轻自己，哪怕自己鸡胸驼背。倘若真能如此，可谓世事洞明、自知轻重。

"死要面子活受罪"

"死要面子活受罪"，这是许多中国人的德行。本来，如果从理智出发，很多事情可以办得顺顺当当，但因为讲面子，多了感情和情绪色彩，好端端的事常常给弄得乱糟糟。

台湾的张香华女士在《你这样回答吗？》一文中，有一段她和美籍司礼神父关于面子问题的对话，很有滋味：

司神父举了一个例子：有一次，在一项学术会议讨论过程中，司神父提出与某位中国学者不同的意见，对方从头到尾都不理不睬。甚至从一开始，这位学者听到司神父有不同意见，就非常不高兴，立刻面露愠色，拒绝和他讨论。第二天，司神父亲自到这位学者的办公室，准备再试试和他沟通。

谁知这学者明明在办公室，却说不在，使司神父知难而退。

"所以，"司神父说，"我觉得和中国人讲理，比登天都难。有时候，你真是一点办法也没有。因为，他用逃避问题的态度来对待你，使你无计可施。其实，根本的原因是，他不想讲理，因为讲理会使他失去面子。你想，连学术界都只讲面子，不讲理，造成权威和垄断，又如何能要求一般的人民讲理？"

我问司神父："你是不是认为，中国人讲礼，妨碍了讲理？"

司神父答："中国人讲'礼'，却只是虚礼面子，'理'则受到压抑，不能伸张。中国人的礼，就是面子。"

接着，张女士回想起和司神父一起用餐的一幕：

台北市有一家装潢十分考究名为"老爷"的餐厅，三楼的明宫厅供应中国菜。我们去的那天，生意非常好，等了一会儿，终于等到一张刚空出来的桌子。司神父和我坐定后，女侍把前面客人吃剩的菜肴撤去，就在染了一摊油污渍的白桌布上，加铺一小块橘红方巾，立刻摆上我们的碗筷。她动作娴熟而自然。司神父等女侍走开后，指着露出酱油污渍的白桌布说："你看，这就是面子！加上一块小红布，就有'面子'，下面是什么，脏不脏脏，就不需计较了。"

常听到有人说："太不给面子了……"这类话，在生活中简直是随处可闻！在这一张"面子"之下，我们中国人是不是

忽略了"里子"？我们的生活中，类似"老爷餐厅"高贵的金碧辉煌之下，掩盖着多少酱油污渍，又有多少人注意到？

死要面子造成的恶果是对真理和事实的无视，无视真理和事实的人，只能与谬误为伍，与谬误为伍的人，则注定要遭受挫折。

若把"死要面子"付诸行动，那将造成怎样的结果呢？

楚霸王项羽是很要面子的，平时唯我独尊，刚愎自用，将许多谋士的良策好计都顶了回去。直到"鸿门宴"上还讲面子，不杀刘邦，做了放虎归山的蠢事，到头来，使得自己不得不"霸王别姬"，直到兵败势去还在想着"纵江东父兄怜而王我，我何面目见之"，死到临头了，他仍是在想着"面子"。《三国演义》中那位"外宽内忌、志大才疏"的袁绍，虽是兵多将广，可惜也是一个不要真理只要"面子"的蠢材，所以，田丰献良策而遭诛，沮授出忠言而遭禁，到头来七十万大军土崩瓦解，"累世公卿立大名，少年意气自纵横"的一代风流，落了个"吐血斗余而死"。可见，太爱面子的结果，必然要走向爱面子的反面。

鲁迅先生对面子有过既幽默又深刻的论述。他在《说"面子"》一文中说："这'脸'有一条界线，如果落到这线的下面，即失了面子，也叫作'丢脸'。不怕'丢脸'，便是不要脸。但倘使做了超出这线以上的事，就有面子，或曰'露脸'。"但"丢脸"

之道也因人而不同，鲁迅举例说：例如车夫坐在路边捉虱子，并不算什么，富家姑爷坐在路边赤膊捉虱子，才成为丢脸。但车夫也并非没有脸，不过这时不算"丢"，要给老婆踢了一脚，就躺倒哭起来，这才成为他的"丢脸"。鲁迅的分析可谓入木三分，车夫也罢，姑爷也罢，尽管所以为的面子不同，但都是要讲面子的。鲁迅1923年在日本时，就和友人谈到过，中国人有一个"强韧的主张"，就是爱面子，"可以说仅次于生命"。那么，面子的实质是什么呢？鲁迅以为是伪善。他接着说："把自己的过错加以隐瞒而勉强作出一派正经的面孔，即是伪善；不以坏事为坏，不省悟、不认罪，而摆出道理来掩饰过错，这明是极为卑鄙的伪善。因而可以说，'面子'的一面便是伪善。"鲁迅这段话，真是把爱面子者的神态都给勾勒出来了。在现实生活中，有些人为了面子，往往明知不对，也不肯认错，更不肯改正，相反，找一些借口来为自己辩护。干了错事，文过饰非，厚着脸皮不认账，如此，随之而来的是更大的错误，更大的挫折。

不妨来一点阿Q精神

　　大挫折带来不幸，小挫折带来烦恼。烦恼不自我排遣，是自寻烦恼，随之而来的有可能是大挫折、大不幸。许多不愉快的事，似乎是不可避免的，因此，摆脱人生挫折，有时需要一点"阿Q精神"。

　　鲁迅先生的《阿Q正传》问世以后，"阿Q精神"或曰"精神胜利法"已成为专有名词。未庄的那个不觉悟的、脑门后拖着根长辫的阿Q先生，自轻自贱，在麻木不仁中，寻找精神安慰。阿Q在挨了打之后，说句"儿子打老子"，这是给自己的自尊打麻药，以期在土谷祠里睡个安稳觉，至于如何练几手拳脚对付来犯者，是从来不曾梦想过的。"阿Q精神"历来为国人所不齿，与这种愚昧落后相表里的"精神胜利法"，也早已被人唾弃。

　　但是，如果剔除"阿Q精神"的糟粕，而借用"阿Q精神"自我情绪调节的内核，用以摆脱思想负担，克制情绪波动，做到遇事沉着，坚持韧性战斗，似乎还是不无益处的。

　　当年中国女排在同秘鲁队争夺世界冠军的决战中，秘鲁方面的啦啦队为其擂鼓助威，口哨声、呐喊声震耳欲聋。这种情况给中国队造成极大的精神压力，如不采取对策，很可能被这种"精神战术"所摧垮。这时，只见女排教练袁伟民请求暂停，嘱咐队员道："不妨有点阿Q精神……他喊他的，你打你的，你就把满场喊声当作为自己加油，反正你也听不懂外语。"

　　妙哉！物质力量靠物质力量来摧毁，精神战术需要精神武器来反击。中国女排把压力变成动力，临阵不惊，沉着奋战，最终夺得冠军。袁伟民把"阿Q精神"反其意而用之，用得恰到好处，给人颇多启发。

　　在日常生活中，我们有时也不妨有点"阿Q精神"，取其自我情绪调节之内核也。比如，你做出了成绩，评上先进之后，往往会受到一些人的讥笑、讽刺甚至打击，"行高于人，众必非之"。这时，如果你抵不住，受不了，心灰意懒，不干了，那就正中了某些嫉贤妒能者的下怀。反之，遇到这种情况，像有些先进人物说的，把别人的讽刺挖苦"当补药吃"，你说你的，我干我的，坚决将其顶回去，岂不美哉！又比如在分房、分物、评资晋级中，当自己受到不公正的待遇时，可以宽心地想一想，十个手指有长短，总不可能绝对公平合理，自己吃点亏，可以为国分忧，给别人一些好处。再说分多分少，分好分坏，照样可以生活、工作、学习，何必斤斤计较于一己之得失呢？物质上吃点亏，而思想上倒能赢得某些胜利，于是心

平气和，精神向上，于人于己、为公为私，都是有好处的。

戴尔·卡耐基在《如何实现自己的目标》一书中，记述了这么一个故事：他的一位名叫哈洛·亚伯特的朋友开了一家杂货店，结果亏本了，欠债要七年才能还清。一天，他垂头丧气，形同槁木地准备去银行贷款。突然，面前来了一个缺了两腿的人，坐在装了轮子的木板上，脸上堆满笑容，神采奕奕地看着他说："早安先生！今天早上天气可真不错。"这时，他恍然大悟，自己原来是个富翁——他有两只脚能走路。

卡耐基在这里宣扬的有点近似于"阿Q主义"。人落入窘迫、郁郁不得志时，这样的阿Q还是可以做的，其效用是自我打气，找回失落的自我感觉，以期东山再起。其实，当事业受挫折时不妨来点"阿Q主义"，"麻醉"一下满心的沮丧和失意，增添一些自信和快乐。就像那位亚伯特先生，面对一个残疾人，忽然意识到了自身拥有的"财富"。然而绝不是就此抱着两只脚睡大觉，而是要以此为动力，重新上路。

一切都顺其自然，对任何挫折都要想得开，让一切的不幸都成为过去吧，我们应该轻松地走未来的路。

逆反，
导致挫折的非理性心态

　　人，有时会很自然地改变自己的想法，但是如果有人说他错了，他就会恼火，更加固执己见。人，有时也会毫无根据地形成自己的看法，但是如果有人不同意他的想法，那反而会使他全心全意地去维护自己的想法……这一切，并不是因为那些想法多么珍贵，而是他的自尊心受到了威胁，产生了不健康的逆反心态。

　　我们来分析一下恋爱过程中的逆反心态，也许可以起到举一反三的作用。

　　舆论或家庭对热恋的双方不是以理说服，劝阻他们的早恋或不正当的爱情，而是施以高压，反而使相恋的双方把高压视为首要的挫折，从而加深了他俩的相容（一致性、联合性），共同对待高压挫折，于是爱情更深、更牢，因此更不易阻止。正当的爱情也会产生高压逆反，从而坚定了当事人的信念，不达到结合的目的誓不罢休。

　　爱情中有这样一种情况：对立相爱。这是以人们的好奇心为心理基础的：那些亲近者、奉承者使他（她）厌倦，而对方的冷漠、对立情绪反而激起他（她）的好奇，并在对立中发现对方的性格、气质、才干，从而达成相爱。一些受人倾慕的姑娘，偏偏去爱冷淡她与她对立的男子，就属于这种对立逆反心理。

前两条（高压逆反与对立逆反）是正逆反，即让双方相爱或爱得更深的逆反。过昵逆反则是负逆反：一方过分的殷勤，过誉的言辞，过昵的举动，反而使对方产生反感，从而减弱或中断了爱情的逆反心理。认识到这种逆反心理是很重要的。相恋的双方切莫在爱情进展中超越一定的"度"，否则就会适得其反，欲速则不达。

在一定幅度之内的赌气，可达成正逆反的效果，越过一定幅度的赌气则成为负逆反：导致双方心灰意冷，甚至感情破裂。这正如两块磁石，有意拉开一小段距离，引力更大，但拉得过远，引力就微弱了。在一般情况下，恋爱中的双方，只能有少则几分钟、多则两三天的赌气，使你表面的"冷"，激起他（她）更强的爱；但你若在重大事件上赌气，或者一赌气就是十天半月，往往给对方带来巨大的感情挫折，甚至无法愈合。我劝人们在恋爱中尽量少赌气，因为赌气说到底是通过不同程度地折磨对方，达到自我心理满足的一种自私手段。车尔尼雪夫斯基说得好："爱情就是因为所爱的人的快乐而快乐，因为他的痛苦而痛苦。"而那些大的、长时间的赌气，甚至是残酷的，结局多为不好。日常生活中因一些鸡毛蒜皮的小事赌气，使本可以成功的爱情中断的例子实在是不少，我们切要警惕"赌气"这个爱情的不祥之兆。

避免赌气逆反心理出现，很重要的行为措施是双方争取主动，打破赌气僵局。当主动赌气的一方发现自己太过分了，就要自我警惕："这是否会造成对方的'赌气逆反'？"冷静分析后，马上采取补救措施，主动同对方亲近，这往往可收到意想不到的正效果。当然，另一方若能主动打破赌气僵局，因势利导地向对方指出赌气给双方造成的心理挫折，则能收到既教育对方，又使对方产生好感的双重效果。反之，那种幅度大、时间长的赌气，双方各显"尊严"（其实，在热恋中尊严的作用是微弱的）而不肯打破僵局，则必然导致"赌气逆反"。

考验实际上也是和赌气属于同一性质范围的。对待考验也应正确掌握分寸，相恋的双方以诚相待是最好的感情维系，何必动辄设置名目繁多的考验呢？信得过便恋，吃不透便看（观察），信不过就散，大可不必三日一小验，五日一大验地折磨对方。真正的考验往往不是人为地精心设计的，而是生活中自然构成的。比如，你意外地受伤致残，对对方是个很好的考验，但这绝不是你设计的。热衷于设计考验的人多是自私的，且多数最后是自食其果。塞万提斯的《堂吉诃德》中，安塞尔模顺利地和才貌双全的卡蜜拉结婚了，但他执意要考验她的贞操，于是让自己的好友罗塔琉有意勾引她，结果落得令人啼笑皆非的结局。这叫自讨苦吃。

有个姑娘，在初恋中故意考验男方对她的执着程度，三次约会有意不到，刺伤了男方的自尊心，同时也使男方感到她言而无信，好端端的一对情人结果分手了，这都是人为设计"考验"所致。

可见，在逆反心态支配下的选择，总是带有很大的情绪色彩和盲目性。为了避免人为的爱情挫折，我们遇到诸如以上问题时，千万不可感情用事，而应该进行科学的、理智的分析，权衡利害，再做抉择。此外，常言道：当局者迷，旁观者清。倘能够听听有见识、有阅历的旁观者的意见，也许可以茅塞顿开，柳暗花明。

爱情问题是这样，其他诸如事业等等，也同此理。社会生活中有些很有意思的现象：凭票供应的东西，人们即使并不需要，也去买；一旦敞开供应，反而不买了。某部电影，票子越是紧张，人们想看的欲望越强。费了很大劲借来的书，限期要还的，人们就拼命地抓紧时间看；自己已经买到手的书，却认为反正有得看，可能把它束之高阁好几年。同样是这么一件东西，如果是花了千辛万苦买到的，就十分珍惜它；如果是很容易买到的，就不当一回事。有些商店正是利用某些顾客的这种逆反心理——商品供应越紧越想买，于是就在商店门口挂什么"到货不多，售完为止"，"一次性处理，欲购从速"以招来顾客。不过，这一类词句见多了，也变成陈词滥调了。

逆反心态是不健全的心理活动，当应戒除。

摆脱惰性依赖

你与父母一起生活了二十多年，在一定程度上依赖父母。成长和成熟要求你逐渐减少这样的依赖，直至完全自立。很多父母意识到应该给予儿女自由，但是潜意识中又怕失去了儿女。这种惧怕可能以很多种方式表现出来——不经询问便主动提供主意（可能是非常机智、非常有用的主意），或者掌管着儿女的生活。他们想防止儿女出错，致使一些三四十岁的人在回家看望父母时，表现得像个孩子。

再从依赖者方面看：有的青年，自幼娇惯成性，以至跨入社会还不能处理生活；有人靠父母积蓄上大学后，还频频向家里要钱，以使自己在同学面前不显得"寒酸"；有人有亲朋在海外，就想方设法利用这关系来沾光……凡此种种，皆根深蒂固的依赖思想所致也。试想，这类人在人生挫折面前会是强者吗？

惰性依赖在女性方面表现得尤为突出。一位三十八岁的妻子埋怨："看望我妈妈时，我总觉得自己好像才十八岁。她把我的孩子引开，告诉我应该如何对待丈夫，哪些事能做，哪些事不能做。似乎她不愿我成长起来。在我离开她后，她还写好长好长的信来提醒我。我希望她让我独立，让我出一些差错，好从中学点东西。"

从这一席话中我们可以看到：一方面，这位母亲有着相当强烈的占有欲和控制欲，也许她和许多母亲一样声称她们想让女儿获得完全的自由，但是深深的儿女情使她们无法割断"脐带"。另一方面，女儿没有能力毅然决然地割断对母亲的依赖。女儿意识到自己应该独立，但潜意识中仍感到自己不成熟，仍需要依靠母亲，不能够平静地、坚定地让母亲停止干涉。

在家依赖父母，那么结婚以后自然就依赖丈夫了。

有这样一个年轻的妻子，丈夫出差了，她每天晚上都要到同事家坐一阵子，打发睡前难熬的几小时。下班后，她一人在家感到孤单无聊，惦念丈夫。有时甚至胡思乱想，想到丈夫可能出了意外。这种低落的情绪，不仅夜晚困扰着她，就是白天上班，也使她无精打采。

这位年轻妻子的心理状态不是个别的。据对七十二名已婚女性的调查表明：丈夫离家在外时，感到烦躁不安的五人，感到孤单无味的十八人，因惦念丈夫而情绪低落的四十五人，只有四人感到无所谓。这说明，与丈夫暂时分离，妻子产生依恋是一种普遍的现象。

人总是相互依存的，这是人的一种社会需要。处于血缘关系、婚亲关系中的人，这种相互依存的感受会更明显，突出表现在女性身上。例如，女性在未出嫁前，以女儿的角色依恋父母，结婚后，又以妻子的角色依恋丈夫，并且依恋的程度比对父母更深。

对于一对和美的夫妻来说，一方离家，另一方必然会感到寂寞、孤单，产生一种失落感。但是，由于女性的心理感受性较男性高，情感较男性细腻，情绪也较男性易波动，所以当丈夫不在身边时，她们的失落感常常表现得较男性明显得多。

但对不在身边的丈夫的依恋如果表现得过分突出、程度太深，则是不正常的。它潜伏着某种危险，如果任其发展而不加以及时地排解与矫正，很可能对自身健康和夫妻感情带来不利影响。

首先，对丈夫的依恋太甚，表明妻子的身心已处于紧张状态，自我调节能力差。这类人的患病率远较调节能力强的人高；心理处于压抑状态的人，有百分之五十染患疾病。我国临床实践也发现，因对丈夫角色依恋过甚而患神经衰弱、失眠、消化不良、感冒、心血管疾病者十分常见。

其次，对丈夫的依恋过甚，极易形成一种心理变态，而破坏夫妻间的感情。例如，有的妻子在急躁不安、孤单无味的同时，常伴随着胡思乱想。对与丈夫的分离表现出过分的恐惧，并在言语上和行为上对丈夫的外出活动加以阻止。这样久而久之，极易引起丈夫的反感，破坏夫妻感情。同时，依恋和惦念过甚，还易导致无端的揣测和猜疑。他是不是不爱这个家了，是否另有所爱？他与谁同行，是男是女？他为什么推迟了归期？如此等等。这种依恋过甚是一种爱得深但又不恰当的表现，常常引起相反的效果，使夫妻感情出现裂痕。

对丈夫的依恋过甚是可以矫正的。首先，应努力提高自己对外界的适应能力和对事物的应变能力，开阔视野和心胸，提高自立能力。同时，可用以下几种方法帮助自己战胜分离后的孤独与苦闷：

排解法。及时找亲友、同事聊天，诉说自己的心事，求得心理的慰藉；

转移法。用读书、干家务活等方式转移自己的思维注意力，使惦念、依恋情绪得到转移；

分散法。科学地安排每天的工作生活日程，使之充实、丰富，以分散、减少无谓的思虑时间；

社交、娱乐法。适当扩大交际范围，结交新朋友，增加娱乐时

间……

不论孩子也罢，女性也罢，惰性依赖会造成退化，这大约没有什么疑问。比如人类饲养的家禽，原本皆是会飞的，但自从被人喂养，无须为觅食奔波，作为谋生工具的翅膀也就丧失功效，再不能海阔天空、任意翱翔，活动范围亦不超出房前屋后了。惰性的依赖令动物退化，对人也相当不妙。在某些城市的车站、公园、餐馆等处，有时可见到一些身强体壮的人，向人们低三下四、苦言哀求，以自己的人格尊严去换取他人的施舍。这不是退化的表现吗？

据某杂志载：外国有位富翁，感到自己行将就木，于是将钱财分几笔存入银行，并立下遗嘱说，他的子女们要年过三十并在事业上有所成就后才能分享这些钱财，倘三十岁后仍是饭桶，那所有的钱就捐赠给公益事业。

此公此举，不能不说是有点远见。他很清楚，若让子女们坐享其成，其结果必然是养成他们的依赖性，成为废物，而谁又愿意子女成为这种人呢？故此举看似不近情理，实则用心良苦。

惰性的依赖是自尊自强的大敌。我想，人类之所以从动物界脱颖而出，成为世界主宰，不正是因为摆脱了对自然的惰性依赖，而敢于同它较量一番吗？

只图眼前，
还是深谋远虑

20 世纪初，日本近代著名启蒙思想家中江兆民针对当时日本人的胸无大志发过一通揭露性甚至近于攻击性的议论：

我国人也是肚量狭隘的，有一种满足于小小的成功的倾向。只因满足于那种小小的成功，所以稍微取得一些荣誉的时候，动辄显出晏子的马车夫那种洋洋得意的神气……所以那些经营手工业和商业的人，侥幸得到十万、二十万资金的时候，动辄心满意足，而不肯再去努力，一心只想怎样使自己的财产不致丧失，再没有其他的念头。有的人因一二万而心满意足，他们的欲望虽说有大有小，可是几乎没有一个人是不断进取，至死不止的……

在官吏方面，情况也是这样。假如做了科长，动辄自己心满意足；假如做了局长，动辄心满意足；到了担任国防大臣的时候，那自己就更加心满意足……

在学校的学生，情况也是这样。如果得到了学士的学位，就心满意足；如果得到了博士的学位，也就更加心满意足。从来不反问自己有没有与这种学位相当的实力……

中江兆民当时还略带夸张地感叹，这种鼠目寸光的近视症是"亡国的根本原因"。

将这番议论用来对照当今的日本人，恐怕在很大程度上针对性已不那么明显了；倘若用于对照当今的中国人，却在很大程度上不幸而言中。

我们中的大多数人，成就需求很低。在古代，舞文弄墨者，图的大都是"洞房花烛夜，金榜题名时"，忍受了"十年寒窗"之苦，只要"一举成名天下知"便算大功告成。习武的也是这样，"到边关上一刀一枪，博得个封妻荫子"，便"平生之愿足矣"。

从现实生活中看，当今的人们也大都不愿意一点一滴地积累，不屑于去做小事，一味祈求投机性的暴发机会。虽然暴发欲本身不一定就那么坏，但是只要看看暴发欲后面隐藏着的动机，便可知道，不愿干小事的人并不意味着想干大事，不过是想一蹴而就，然后坐享其成。做生意的，不管是"跑单干"还是办公司，大都不乐意小打小闹，能"发"就"发"，不择手段，搞它一堆钱款，够吃够喝了，就"洗手不干了"。

一般老百姓的评价对于积极进取者是极为不利的：假如你一心扑在事业上，人们就会奇怪："你什么都有了，还要干什么呢？"对国外富有万贯家财的企业家那种勤勉、节俭精神更是困惑不解："有那么多钱，要什么有什么，几辈子都用不完，他们还图什么呢？"归根到底，在一般人的价值天平中，他们重视"得到什么"

甚至重视"干了什么",这或许就是相当一部分人不以成就取人,而以名誉、地位、权势、金钱取人的一个原因。

以上所描述的这一类胸无大志的人是成就不了大事业的。鼠目寸光的人一旦遇到挫折,一般是束手无策,缺乏胆识,不善处穷。

中国历史上出过两个才华横溢的人,一个是贾谊,一个是苏东坡。这两个人的遭遇差不多,贾为汉人,苏为宋人,所以生于后的苏东坡一方面对贾谊的早逝表示惋惜,一方面又可以对贾谊的得失评论一番。苏东坡在其所著《贾谊论》中认为,贾谊的主要缺点和失败在于"志大而量小,才有余而识不足也"。为什么这么讲呢?历史记载,贾谊二十多岁就受到汉文帝的赏识和重用。可是,"高标而见嫉",文帝周围的一些大臣开始说他的坏话了。文帝听信了一些议论,就将贾谊贬出京城。遭贬之后,贾谊郁郁寡欢,三十二岁就忧愤而死。贾谊"不善处穷",就是不善于在处境困难的条件下,经受打击,而是悲观失望,情调低沉了。

鉴于贾谊的历史教训,苏东坡不仅总结了,而且在实践中注意实行,所以即使被贬之后,他在文学上仍不息其奋斗精神,并在力所能及的范围内,为百姓办了一些好事,所以能够在文学上独树一帜,成为唐宋八大家之一,为后世所传颂。不难看出,苏东坡的眼光,是高过贾谊一筹的。

哲学家罗素说:"文明人之所以与野蛮人不同,主要是在于审慎,或者用一个稍微更广义的名词,即深谋远虑。他为了将来的快乐,哪怕这种将来的快乐是相当遥远的,而愿意忍受目前的痛苦。"中国有一个历史故事正好是对罗素见解的证明,这便是家喻户晓的"卧薪尝胆"。

公元前494年，正是多事的春秋时期。在夫椒那个地方，吴国的军队把越国的军队打得落花流水。越国国君勾践忍受着奇耻大辱，被迫带着妻子到吴国去，给吴王夫差当奴仆。

三年后，勾践被释放回国。他回国后，立志洗雪国仇。为了不让安逸的生活把自己报仇的决心消磨掉，晚上，他不睡舒适的床铺，而是睡在草堆上（卧薪），用戈当枕头，在屋里还吊着一只苦胆，每天早起后、晚睡前以及吃饭时，都要尝尝苦胆的滋味，使自己不要忘了亡国之耻。

越王勾践发奋图强，终于使越国兵精粮足富强起来。公元前473年，勾践率大军再一次进攻吴国，把夫差围困起来。夫差自杀身死，吴国灭亡。勾践大会各国诸侯，做了春秋时期最末一个霸主。

勾践的挫折可谓大矣，然而，他胸有大志，有胆有识，终于在厄运中重新称雄了。倘若勾践是一个鼠目寸光的人，他的余生还会有什么建树可言呢？

讳疾忌医：
蔡桓王命丧黄泉

　　说起讳疾忌医，不能不提《韩非子》中"扁鹊治病"的故事：

　　古代蔡国有一个著名的医生，名叫扁鹊。有一天，他去见蔡桓王。扁鹊告诉他说："大王，你已经得了毛病。不过不打紧，你的病在皮肤里，经过医治便会好的。如果不医治呢，怕会慢慢地重起来。"

　　桓王说："我的身体很好，什么病也没有。"

　　扁鹊看他很固执，也不再说了。

　　扁鹊走后，桓王冷笑着说："这些做医生的，大病医不了，只会医一些没有病的人。医治没有病的人，才会显示自己的手段高明！"

　　隔了十几天，扁鹊又去看桓王，再对桓王说："你的病，现在已经在皮肤和肌肉之间，再不医治，慢慢地会更厉害的。"

　　桓王听了很不高兴，没有理睬他。扁鹊就退了出来。

　　又过了十来天，扁鹊又去见桓王，说道："你的病已经从肌肉流到血脉里去了。"

桓王还是不理睬他。

再隔十来天，扁鹊又去看桓王，告诉他说："你的病现在已经从血脉到了肠胃。再不医治，将更严重了。"

桓王听了十分不高兴，闷声不响。扁鹊又不得不退了出来。

再隔了十几天，扁鹊碰见了桓王，留神看了他几眼，掉头就跑了。桓王觉得他这种举动很奇怪，特地派人去问他："扁鹊，你这次见了大王，为什么一声不吭，偷偷地跑掉？"

扁鹊说："一个人生了病，病在皮肤、血脉、肠胃的时候，都有办法可以医好，到了骨髓，就难下手了。现在大王的病已经入了骨髓，我还有什么法子医治呢？"

五天后，桓王遍体疼痛，派人去请扁鹊来给他治病。扁鹊知道桓王肯定会来请他的，早几天就跑到秦国去了。

桓王当然是一命呜呼了。

讳疾忌医在社会生活中的表现就是听不进忠告，一意孤行。

历史上有许多讳疾忌医的人。夏桀、殷纣就是典型，谁提意见就杀谁；隋炀帝杨广更是公然宣称"我性不喜人谏"，有几位大臣，像建节尉任宗、信奉郎崔民象，都因劝谏他勿游江被先后斩首。唐太宗说："隋炀帝暴虐，臣下钳口，卒令不闻其过，遂至灭亡。"这评论切中了要害。

上述是比较极端的典型，更多的则是像明太祖朱元璋那样，听到批评后，当面不发作，事后搞报复，找个岔子把提意见的人给收拾掉。他的大臣周衡就因为批评过他"示天下以不信"，后来因超了一天假，竟被朱元璋杀了头，临刑前朱元璋还说："朕不信于天下，尔不信于天子！"报复之情，溢于言表。这样做的结果，只能是塞了言路，甚至因断了言路，接着断了自己的活路，由于成了孤家寡人而丧权亡国，桀、纣走的就是这条路。

讳疾忌医的反面是闻过则喜，从善如流。

白居易曾经写诗说："太宗尝以人为镜，鉴古鉴今不鉴容。"在这里，作者歌颂了勇于听取批评的精神。大凡明君贤相，也都能够较为正确地对待批评。唐太宗李世民算得上这样一位明君。他招贤纳谏，对"当官力争，不为面从"的尚书裴矩，不仅不恼火，还给予表扬，树为典型，说："倘每事皆然，何忧不治！"魏徵犯颜直谏，毫不客气地批评他说："昔汉文帝却千里马，晋武帝焚雉头裘。陛下居常议论，远辈尧、舜，今所为，更欲处汉文、晋武下乎？"更难听的是，当贞观四年李世民为了巡游而要大修洛阳乾元殿时，大臣张玄素竟然上书说他是"袭先王之弊"，"恐甚于炀帝远矣"，把他说得连亡国之君隋炀帝都不如。而太宗听了，不但没有发怒，反倒赐给张玄素二百匹绢帛，以奖励他的"忠直"。李世民还创造性地建立起"谏官制度"，即在朝廷里请一批官员，"随宰相入阁议事"，任务就是给皇帝提意见。李世民能实现"贞观之治"，和他能如此虚怀若谷、兼听广纳有着极大的关系。

"当事者迷，旁观者清"。很多挫折不是一下就能看得一清二楚，而是潜在的，就像桓王的病，有一个过程。因此，察纳雅言，是避免人为挫折之要诀。

人不怕生病，怕生病不就医；人不怕做错事，怕做错事听不进良言，将错就错，用更大的错来掩盖先前的错。倘若我们真能做到从善如流，那么，显形的挫折终将被克服，隐形的挫折也将被杜绝。

刚愎自用，
千乘之国遭惨败

公元前645年，秦国和晋国大战于龙门山。结果是秦胜晋败，晋惠公夷吾也成了秦军的俘虏。《东周列国志》第三十回讲得明白，晋败的原因虽然是多方面的，但晋惠公的刚愎自用，听不得半点不同意见，却是一个极为重要的原因。

晋惠公是在秦穆公、齐桓公的支持下登上国君之位的，事先答应割河外五城给秦国，以求得秦穆公的支持。但他即位之后，却赖了账。即便如此，当晋天灾流行、民间绝食的危难之时，秦国还是进行了一次"泛舟之役"，通过渭河给晋国送去大批粮食。可是，当秦国也遇灾荒向晋国买粮时，晋惠公竟一粒粮食也不愿卖，这样便导致秦军以讨晋侯负德之罪的名义，兵临晋境。一场大战迫在眉睫。

晋惠公是怎样对待这一紧急事态的呢？

一是他压根儿不承认理在秦国一边，拒绝和谈。庆郑建议"割五城以全信，免动干戈"，他怒不可遏地说，晋国作为"堂堂千乘之国"，根本谈不上什么"割地求和"，下令要先斩庆郑，然后发兵迎击"无故犯界"的秦军。虢射建议让庆郑将功折罪，庆郑才免于一死。

二是他根本不考虑自己的坐骑是否适应战斗的需要，拒绝更换。郑国献给他一匹"小驷"，身体小巧，平时玩玩还可以；庆郑出于好意，建议他换一匹本国出产的"服习道路"、"随人所使"的战马，但他偏爱郑产"小驷"，非它不用。

三是他视不同意见如洪水猛兽，多方压制。秦军已渡河东，三战皆胜，长驱而进。韩简向他报告，秦师虽少于我，然斗志十倍于我。他问什么原因，韩简分析说：你开初以秦近而奔梁，继以秦授而得国，又以秦赈而免饥，三受秦施而无一报，秦国君臣积愤，所以才来伐晋，秦军三军都怀有讨伐你负罪之心，所以斗志特别高，比我军斗志高于十倍以上。晋惠公一听，大为恼火，斥责说：你这完全是庆郑的论调！

晋惠公堵住了众人之口，一意孤行。混战之中，晋惠公虽然也不乏勇敢，无奈那"小驷"未经战阵，惊吓乱窜，陷入泥泞之中。御马人用力鞭打，马小力微，拔不出来，秦军将他包围，救兵虽然不断涌来，但都被秦军杀退，晋惠公终于被秦军俘获。晋军失了主帅，也都投降秦军。

平心而论，庆郑等人之言是比较切合实际的。倘使晋惠公能吸取其主要精神，或许可以拿出适当的退敌之策来，起码不至于遭受如此惨重的失败。"堂堂千乘之国"被相对来说较弱的秦国打得一败涂地，这绝不是偶然的。晋惠公的失信，造成政治的被动，而政治上的被动却起着降低晋军斗志，增长秦军斗志的双重作用。晋惠公的刚愎自用、盲目自信，决定了他听不得不同意见，使自己的主观认识无法与客观实际接近；而认识一旦离开了客观现实，也就必然导致战斗的失利。

任何人，如果在这个浮华的世界上，没有一点自己的坚持、主张，将会不可避免地感到迷失。这是刚愎自用中，坚持己见的某种合理性。但是由于种种限制，人不可能在任何情况下，对外界和自我有一个绝对清醒的认识。既然有限制，做的决定就有限制，就难以接受有些基于更合理的认知而给出的建议。即使不认为他人是别有用心，也会视之无用而不加采纳。因而刚愎自用就成了不可避免的现象。依据当事人的地位、个性，结果会很不同，可以如项羽一般悲壮，也可能只是人生偶尔回眸时的遗憾。

一个刚愎自用的人，他的思想就好像铜墙铁壁铸成的，油盐不进，水泼不进，任何人的建议都听不进。刚愎自用，一意孤行，早晚要遭到挫折，这是晋惠公惨败为我们提供的教训。

"主不可以怒而兴师，
将不可以愠而致战"

在电影《林则徐》中有这样一个镜头，当林则徐审问洋人颠地时获悉：粤海监督豫坤竟和洋人内外勾结，破坏禁烟。林则徐顿时大怒，把手中的茶杯摔了个粉碎。正当此时，他抬头看到写着"制怒"的匾额，立即冷静下来。第二天，豫坤到府，他照常接待，不露声色，使豫坤乖乖地交出了修虎门炮台的银两。林则徐挂在墙上的匾额，对他是帮了大忙的。我想，把它借来，挂在我们的心中，或抄了来，置于座右，也来一个遇"怒"则"制"，同样是会大获裨益的。

只要留心观察便会发现，生活中挫折较多的人，往往是比较急躁的、爱发怒的人。这种人经常感情用事，好好的一件事，很好的一个机会，常常被他们办糟了，被他们断送了。

楚汉相争中，项羽吩咐大将曹咎坚守城皋白，切勿出战，只要能阻住刘邦十五日，便是有功。不想项羽走后，刘邦、张良使了个骂城计，派兵城下，指名辱骂，甚至画着漫画，污辱曹咎。这下子，惹得曹咎怒从心起，早将项羽的嘱咐忘到九霄云外，立即带领人马，杀出城门。真是：冲冠将军不知计，一怒失却众貔貅。汉军早已埋伏停当，只等项军出城入瓮，霎时地动山摇，杀得曹咎全军覆没。

无独有偶。第四次中东战争中，以色列出了个曹咎式的将军，此人是以色列190装甲旅长阿萨夫·亚古里，他与埃军第二步兵师先头部队遭遇时，三次进攻均被埃军击退，便恼羞成怒，不计利害，要把剩余的八十五辆坦克孤注一掷，以决雌雄。埃军第二步兵师师长阿布·萨德见状，故意示弱诱敌，亚古里不知是计，冲进埃军预设伏击地域，狼奔豕突，只二十分钟便全军覆没。

这种感情用事、因怒致败的例子不胜枚举。《三国演义》中的关云长兵败身死后，刘备、张飞怒不可遏，向东吴大兴问罪之师，结果呢，未曾出师，张飞为造白袍，怒责部下，于是被范疆、张达切了脑袋；刘备怒气难抑，御驾亲征，却为报仇心切，失于策划，又被东吴火烧连营，落了个惨败而归。刘备悲愤愧悔，愠怒交加，以致到了白帝城便一命呜呼。无数事实说明，人不可感情用事，尤不可好怒轻动。如果理智控制不了感情，任性驱遣，那就没有不跌跤的，轻者致己疾病，亵己之威信，重者酿成祸端。所以《孙子兵法·火攻篇》中特别强调："主不可以怒而兴师，将不可以愠而致战。"不要因一时愤怒，就兴师打仗。他进一步说："合于利而动，不合于利而止。怒可以复喜，愠可以复悦，亡国不可以复存。死者不可以复生。故明君慎之，良将警之，此安国全君之道也。"就是说：符合国家利益才行动，否则就停止。愤怒可以重新欢乐，怨恨可以重新喜悦，但亡国不可以复存，死了不能复活。所以，用兵作战一定要慎之又慎，这是国家的安全、军队的保存所必须做到的。

上面说的是打仗，实际生活中，待人接物、办公处事，其情一致、其理相通，要对感情用事慎之又慎。

纵观历史，必有容德乃大，必有忍事乃济。所以，大凡心志高远，胸怀韬略的明达贤哲，都是冷静理智，抑怒束情的。三国时期，魏蜀对峙五丈原，诸葛亮为求速战速胜，大用激将法，骂城未已，又派人送妇女首饰、衣物给敌帅司马懿，嘲其怯懦，激其出战，但司马懿老谋深算，不为所激。他审时度势，看准了诸葛亮劳师伐远，粮草不足，宜速不宜久的弱点，便忍辱坚壁，使诸葛亮的激将法始终不能得逞。毛泽东指挥作战时，强调你打你的，我打我的，打得赢就打，打不赢就走，也是反对与敌人怄气硬碰。古人将"卒然临之而不惊，无故加之而不怒"看作伟人大将之风范，是很有一些道理的。因为他想得更远些，看得更深些，胸怀更大些，不与庸人一般见识，所以，便能忍人所不能忍，喜人之所怒，不使感情肆意支配，从而理智处事。比如，为国者就不计私怨，图远者就不发近怒，盖包容四海，吞吐宇内之势所必然焉！

喜怒哀乐，人之常情也。该喜则喜，当怒则怒，这是正常人情感的自然表现。然而，感情这玩意儿，也要有个"调节器"，才能使它不致过盛过溢，适可而止。如果失去了调节，一毫之拂即勃然大怒，一事之违便愤然骤发，也可能造成人为的挫折。因此，我们应该发挥理智的作用，要时时自警自策，处处用大局大利制约小我小利。

猜疑是心胸狭小的表现

俗话说："疑心生暗鬼。"猜疑情绪是人与人之间关系的腐蚀剂。一个人一旦被猜疑情绪支配了自己的思想和行动，那他就必然对别人不信任，离心离德，或捕风捉影，或无中生有。这样，不仅不能正确看待别人，也会错误评估自己；甚至以无为有，以有为无，颠倒是非，混淆黑白，把正话当反话，将反话当正话，直至做出使

亲者痛、仇者快的蠢事来。小说《茶花女》中的阿尔芒，因猜疑玛格丽特，用了报复行动，使她含恨而死；莎士比亚笔下的奥赛罗，因为猜疑自己的贤妻苔丝狄娜不贞，居然将她活活闷死，而当真相大白后，他痛悔不已，以致以自杀来向妻子谢罪；埃及电影《忠诚》中的医生卡玛尔，由于猜疑妻子艾明娜，给艾明娜和自己造成了极大痛苦。从历史上来看，当权者倘爱猜疑，其危害就不是一人一事，而将要误政误国。隋文帝"不明而喜察"，疑下而独裁，酿成群臣"惟取决受成，虽有愆违，莫敢谏争"。李世民说他："此所以二世而亡也。"到隋炀帝，更是"多猜忌"，加快了隋朝的灭亡。"君臣相疑，不能各尽肝胆，实为国之大害也。"李世民的这一见解，实在言简意赅！

在日常生活中，我们思想上难免有许多的错觉与误会。如"他对我不亲切，显得冷淡"，或"他对那个新来的女生表现得那样亲密，他们的关系大概不一般"等等。应该说，有些情况可能是事实，但单凭道听途说是靠不住的。往往有些事情，一直等到当事人的说明，才晓得那不过是别人的瞎猜或误解。

孔子在陈蔡绝粮的时候，有一次亲眼看到颜回在煮饭时捞一把填到嘴里，便猜疑颜回揩了油，又是旁敲侧击，又是启发诱导，说什么这饭很清洁，要先祭祖先。颜回忙说："不可！刚才有灰尘落到了锅里，我已经捞出来吃掉了。"这时孔子才恍然大悟，知道自己弄错了，并由此深有所感地说："所信者目也，而目犹不可信；所恃者心也，而心犹不足恃。弟子记之，知人固不易矣。"并强调指出："道听而途说，德之弃也。"孔子从实际生活中得到教训，懂得了单凭自己的眼睛，有时候也并不可靠，要想真正了解实情，还得深入调查。

猜疑是心胸狭小的表现。胡乱猜疑不仅给别人造成痛苦和不幸，也将不断地为自己设置障碍，制造挫折。显而易见，人生途中倘不根除猜疑恶习，挫折是在所难免的。

面对别人的成就，
压制还是超越?

武大郎开店，比他高的都不要——这是方成一幅著名漫画所表达的主题。一个老板，本应求贤若渴，但对于比他强的人，一律不录用，在如今竞争激烈的社会，他的店不关门才怪呢。

在生活中嫉妒断送事业的例子，可谓俯拾即是。我们来看一段故事：

在美国某一小镇的芭蕾舞教室中，有甲、乙两位小学二年级的学生在上课。参加这个芭蕾舞班后，乙的进步很慢，而甲因运动神经比较发达，旋律感相当强，动作也很优美，其进步速度使得老师都大为惊讶。乙虽然比甲早三个月参加芭蕾舞班，跳得也不错，但因甲的参加而失去了优势。两人水平的差别越来越大。

当圣诞节快到时，芭蕾舞班决定在某礼堂举行公演。老师们为决定让谁担任普莉玛这个主要角色大伤脑筋，但大家一致认为甲来担任这个角色是最合适的。

老师们又发现乙最近有点不正常。在公演的前一天，终于决定了由甲来担任普莉玛这个角色，而基本功较差、动作不大优美的乙，被指定担任普通的角色。

个性温顺且内向的乙当场并没有吭声，只是表情显得非常懊丧，她知道再也无法担任主角了。假定是由丙或丁来当这个主角，她也无话可说。然而，却由比她晚进训练班而成绩又优于她的甲来担任主角，这使得她对甲不仅是嫉妒，而且近乎厌恶。

第二天，发生了该训练班自创办以来未曾有过的大事，当甲在换装排练的时候，新制的舞衣与帽子不知被什么人统统剪成了碎片，当时在场的只有乙。面对着生气的老师，乙虽然大声哭泣并否认说"不是我干的"，但在检查乙的皮包时，却找出了一把大剪刀。

这个少女一定会在做出这些大胆行为之后认识到自己的错误，一定会受到父母或老师的一顿臭骂。不过她当时确实是因无法控制自己的冲动，才做出这种事来的。

后来，这位少女退出了芭蕾舞班。她的舞蹈专长就这样被断送了，这多让人痛惜！

一些人之所以嫉妒别人，一个重要原因是自己不求上进，又怕别人超过自己。别人成功了，就意味着自己的失败；大家都是矮子，才显出自己是巨人。

心灵健全的人，应将嫉妒转化为竞争的欲望，激起超越他人的信心。以下是一个激发人们竞争的故事，也许会对我们有所启迪：

有一天，查尔斯·史考勃手下的一位工场经理来向史考勃讨教。

他抱怨他的员工一直无法完成分内的定额指标。

"像你这样能干的人，怎么会无法使工场员工提高工作效率呢？"史考勃问。

"我不知道。"工场经理说，"我对他们说尽了好话，又鼓励，又许愿。同时也曾经威胁他们说如不完成指标，就要把他们开除。但是毫无用处，他们照样无法达到生产指标。"

"让我来试试吧！"史考勃说。

当时，日班已经结束，夜班正要开始。

史考勃走进工场。他手里拿着一支粉笔，对最靠近他的一位工人说："请问，你们这一班今天制造了几部暖气机？"

"六部。"

史考勃不再说一句话，他用粉笔在地板上写下一个大大的"六"字，然后默默地走开。

夜班工人进来时，看到了那个"六"字，他们问这是什么意思。

那位日班工人说："老板刚才来过了，他问我们制造了几部暖气机，我们说六部。他就把它写在地板上了。"

第二天早上，史考勃又来到了工场。他看到夜班工人已把"六"字擦掉，写上了一个大大的"七"字。

日班工人早上来上班时，当然看到了那个很大的"七"字，决心要给夜班工人一点颜色看看。于是，他们抓紧干活。那晚，他们下班时，地板上留下一个颇具威胁性的特大的"十"字。显然，情况在逐渐地好转起来了。

不久，这个产量一直落后的工场，终于有了很大的起色。

原因在哪里呢？

这里，用史考勃先生的原话来说明吧——要使工作圆满完成，就必须挑起竞争，激起人们超越他人的欲望。

假如后一班的工人对上一班的"六"字，采取的不是竞争，而是嫉妒以至怠工的态度，那情形便可想而知了。

"事修而谤兴，德高而毁来"。我不学好，你也别想好；我当穷光蛋，你也喝凉开水；哪个要进步，群起而攻之。嫉妒别人，给别人带来的只是痛苦，而对自己来说，则往往因此断送前途。从以上正反两例可以看出：嫉妒，将造成人生的巨大挫折。

弱化自己并不是无能之道

前文谈了嫉妒给自身带来的危害，克服自己的嫉妒心理才能摆脱人生挫折。那么，我们应该怎样对待别人的嫉妒呢？

某地方的一所女子高中曾发生过这样一件事。为了纪念建校十周年，决定改建体育馆，并要求学生家长募捐一部分资金。惯例是先暗示每个人至少出多少钱，而学生捐来的钱通常是其数的双倍。

有一个女生的家长很富有，捐了四倍的款，而其他人最多只捐双倍。这件事不胫而走，成为全校的热门话题。

某日傍晚，巡视校园的值班老师发现，本应无人的体育馆中竟聚集了许多女生。他走过去一看，发现许多人在围攻那位女生。这位老师严厉地批评她们，并指出以后不准再发生同样的事情，也就是说这种集体嫉妒的直接性攻击行为受到指责。

以后，她们对这位失群的"孤羊"采取了不理睬的态度，以白眼相待。当大家在聊天说笑时，一看见她就立即停止谈笑；当她问别人借东西时，她们都不借任何东西给她，或当作没有听到。她因此感到非常难过。

虽然这种状态在不久之后被学校领导发现了，并对学生们教育了一番，但这位女生明白，她再也无法与她们恢复过去的友情了，只好转学。

在生活中，遭人嫉妒似乎是无法避免的。虽然从某种意义上说，被嫉妒是有实力的表现之一，但是，如果我们人为地强化嫉妒，使自己总是生活在被嫉妒的环境中，毕竟不是一件愉快的事，这将使当事人很难以全部的精力投入工作和学习。从这一意义上说，排解嫉妒、软化嫉妒，是摆脱人生挫折的关键一步。

故意示弱，将为你在人生行程中打开绿灯。

一位毕业于名牌大学教育系的青年实力派教务主任，与一位年纪较大的且在教育界任职多年的老师，遇事总是针锋相对。以这年纪较大的老师来说，由这位比自己年轻许多而教育经验不多的人担任教务主任，实在是看不顺眼的事。每逢年轻的教务主任滔滔不绝地大谈教育理论时，他就会情不自禁地感到强烈的嫉妒。

教务主任晓得他在嫉妒自己。因为每当本人主张应该采用新的

教育理论时，对方就有意引用学校的惯例或强调自己的经验，决不相让。

因此有一天，这位教务主任特地约这位老师个别谈话。坦率地谈了自己的弱点，自认对最近的教育理论有相当的研究，可是最糟的是缺乏经验，也不太了解本地方的环境与习惯等等。从此以后，这位较年长的老师就再也没有那样气愤地表示对立了。

嫉妒必定是针对处在优位的人。因此被嫉妒的人将自己的缺点坦白公开，可以缓和一下对方的自卑感，产生平等感，起到缓和嫉妒的作用。

当我们的朋友表现得比我们优越，他们就有了一种重要人物的感觉，但是当我们表现得比他们还优越，他们就会产生一种自卑感，造成羡慕和嫉妒。

纽约市中区人事局最得人缘的工作介绍顾问是亨丽塔。在她初到人事局的头几个月，在同事中连一个朋友都没有。为什么呢？因为每天她都吹嘘她在工作介绍方面的成绩、她新开的存款户头以及她所做的每一件事情。

"我工作做得不错，并且引以为骄傲。"亨丽塔说，"但是我的同事不但不分享我的成就，而且似乎还极不高兴。我渴望这些人能够喜欢我，我真的很希望他们成为我的朋友。后来我发现，他们也有很多事情要吹嘘，把他们的成就告诉我，比听我吹嘘更令他们兴奋。现在当我们有时间在一起闲聊的时候，我就请他们把他们的欢乐告诉我，好让我分享，而只在他们问我的时候，我才说一下我自己的成绩。"

德国人有一句谚语，大意是这样的："最纯粹的快乐，是我们从那些我们所羡慕者的不幸中所得到的那种恶意的快乐。"或者换句话说："最纯粹的快乐，是我们从别人的麻烦中所得到的快乐。"是的，你周围的人从你的麻烦中得到的快乐，极可能比从你的胜利中得到的快乐大得多。

因此，我们对于自己的成就要轻描淡写。我们应该谦虚，因为你我都没什么了不起。我们都会死去，百年之后就被人忘得一干二净了。生命太短促了，不要在别人面前大谈我们的成就，使别人不耐烦。我们要鼓励他们谈他们自己才对。

软化和弱化自己并不是无能的表现，而是为了避免付出不必要的代价，避免不必要的挫折，这样才能加速前进。如此看来，这是软中有刚，弱中见强。克雷洛夫说："一切真正的天才，都能够蔑视毁谤……害怕大雨的，只不过是假花而已。"我们虽然在方法上要软化嫉妒，但我们不怕嫉妒，强者绝不会被嫉妒所吞噬。

让人说去吧，走自己的路！

《诗经·郑风·将仲子》中说："人之多言，亦可畏也。"的确，"人言"确有它可畏之处。20世纪30年代我国著名影星阮玲玉，就是在"人言可畏"的折磨中，一口气吃了三瓶安眠药，满怀悲愤地离开了人世。她在遗书中就写下了"人言可畏"四个字。可见，"人言"是够厉害的。

由于"人言可畏"，所以许多人对"人言"也分外敏感，倘是听到有哪位"言"到自己头上，便往往做出强烈反应，或立即赌咒发誓，说明真相，表明心迹，或定要打上门去，向"言"者兴师问罪，以图消除影响，免去后患。

"人言"也许不那么符合事实，或有些出入，或捕风捉影，甚至是无中生有。对这样的"人言"，牵及了自己，该怎么办？是逐人解释？是出告示辟谣？还是发表声明，提出抗议？我看全都大可不必。俗话说："谁人背后无人说，谁人背后不说人。"人都长着一张嘴，高兴说，由他说去。但要相信，黑的说不成白的，死的说不成活的。赵高指鹿为马，鹿还是鹿，并不能因他这一"言"，鹿就一下子变成马。

有这么一个从害怕"人言"到习惯"人言"的故事：

当马修·C·布拉斯担任华尔街 40 号美国国际公司经理时，卡耐基问他是否曾经对批评很敏感，他回答说："是，我早些时候对批评非常敏感。我当时渴望能使那一机构里所有的雇员都认为我是个完人。如果他们不那样做，我就郁悒不快。我往往先设法迁就一个公开反对过我的人。可是，我对他匆忙草率做出的事情却使别人发了疯。等我后来再设法迁就这个人时却又捅了另外一些马蜂窝。最后我终于发现，我越是千方百计地平定和掩饰自己受创的感情以躲避人身攻击，越是会倍加树敌。因此，最后我对自己说：'如果你想出类拔萃，你就要准备受批评。'那对我可真是帮了大忙。从那时起，我为自己定了一条规矩，即尽最大努力把自己的旧伞撑开，让批评之雨流走，以免落到自己脖子上。"

很显然，以上所说的"批评"，便是我们中国人所谓的"人言"。

查利斯·舒博在普林斯顿向一个学生团体讲话时承认，他有生以来学到的最重要的一课，是一位在舒博钢厂工作的德国老人教的。这位德国老人曾与其他炼钢工人进行了一场激烈的战时辩论，他们把他扔到了河里。舒博先生说："他走进我办公室的时候浑身是泥水，我问他向那些把他扔下河的人讲了些什么，他回答道：'我只是大笑。'"

舒博先生宣布他将那句话当成他的座右铭——只是大笑。我们如果也持"只是大笑"的态度对待"人言"，那一切都将显得无足轻重了。

就林肯来说，如果他没有学会巧妙地回答一切投向他的尖酸刻薄的诽谤攻击，那他可能早就被紧张的内战折磨垮了。他那篇关于如何对待批评的阐述已经成为了经典。麦克阿瑟将军在战争期间就抄了一份挂在统帅部办公桌上方，丘吉尔还把它抄下来镶上框子挂在自己书斋的墙上。其内容是："对于我所受到的一切攻击，如果我必须设法加以解释并给予一点答复，那么这个办公室还是对任何事情都关门的好。我对自己所知道的要尽力而为，对自己能做的也要尽力而为。而且我的意思是说，要从始至终坚持这样做，假如结果证明我对了，那么对我进行的一切攻击就什么关系也没有。假如结果证明我错了，那么有十名天使发誓保证我正确也是徒劳的。"

当我们受到不公正的批评时，让我们记住如下的话：尽力而为，然后撑开你的伞，让批评之雨顺流而下吧。

假如畏于流言，每走一步都将是挫折。让人说去吧，走自己的路！

尊重别人，尊重差异

任何别人都不是我们自己，人人不一样，即意味着有差异，这是常识。生活中有许多人往往不愿意承认差异，以自己为核心，别人应该与自己相同，否则一无是处。单枪匹马，乱闯天下，当然是挫折连连。

"在生活中，我会做出许多傻事，"狄斯累利（英国政治家及小说家，于1868年任首相）说，"但我从来不想为爱而结婚。"

他确实没有为爱而结婚。他维持单身到三十五岁，才向富孀玛丽安求婚，而那位富孀竟比他大十五岁。她知道他不爱她，她知道他是为她的钱才娶她的。这听起来太无聊、太商业化了，是不是？但奇怪的是，狄斯累利的婚姻竟是婚姻史中最成功的例子之一。

狄斯累利所选择的富孀，既不年轻，也不美丽，更不聪明。她在谈话中，常常冒出一些问题，显示她对文学和历史知识的缺乏，而成为笑柄。例如，她从不知道希腊人和罗马人谁先在历史中出现；她在衣着上面的爱好，非常古怪；她在家庭布置方面的爱好，也令人不敢恭维。但她是一个天才，是对付男人的真正天才。

她并不想和狄斯累利斗智。当他和那些妙语如珠的女公爵们斗了一下午之后，回到家里，既厌烦又精疲力竭，而玛丽安的家常话却能使他轻松。他愈来愈喜欢家，家变成一处他可以不需要斗智斗力的地方，并且沐浴在玛丽安宠爱的温暖中。跟他那位高龄太太待在家里的时间，成为他生活中最快乐的时光。她是他的助手、他的亲信、他的顾问。每天晚上他都急急地从下议院赶回家去，把一天的新闻告诉她。而且，不管他做什么，玛丽安都不相信他会失败。

经过三十年，玛丽安只是为狄斯累利一个人而生活。即使她的财富，也只是因为能使他生活方便，她才认为有价值。所得到的回报呢？他视她为自己的主宰。

尽管她在公众场合显得又笨、注意力又不集中，但他从不批评她。他从来没有说过一句斥责她的话，如果有人敢讥笑她，他马上站起来激烈地为她辩护。

狄斯累利经常说，玛丽安是他一生中最重要的人。玛丽安也常常对他们的朋友说："幸好他的态度和蔼，使我的生活变成一连串的幸福。"

他们常常互相开个小玩笑。狄斯累利说："你知道，不管怎样，我和你结婚，只是为了你的金钱而已。"玛丽安就会笑着回答："不错，但如果你必须从头做起，你不会为爱而和我结婚，是不是？"

他承认她所说不假。

正如亨利·詹姆斯所说："和别人相处要学的第一件事，就是对于他们寻求快乐的特别方式不要加以干涉，如果这些方式并没有强烈地妨碍到我们的话。"

不干涉别人，承认别人，即便人家为金钱而结婚，也自有道理，为人应该有这样的雅量。

笔者曾在北京采访过著名经济学家童大林同志。其间，童老谈了他访问瑞士时的观感，他说："瑞士人奉行差异哲学。他们认为只有承认和尊重差异才能友好合作。这包含两层含义，一是承认差异，二是承认了才好合作。"

我琢磨了这段话，觉得如果人人奉行"差异哲学"，对克服某些人好"窝里斗"的遗传痼疾，不失为一剂良药。

过去，我们排斥"阶级异己分子"，现在撇开阶级二字，从字面上理解，自己以外的任何人不都是"异己"吗？世上没有两片相同的绿叶，同卵双胞胎也会有巨大的差别，我非你，你非我，这是极其简单而又特别难以被人接受的观念和事实。但事实和由事实所滋生的观念，并不因为不被接受而不存在。我们承认人和人不一样，就是要允许差异，充分尊重别人的"异己"之处，应该把别人的"异己"当作不足为奇的事实，而不必大惊小怪或耿耿于怀，以爱己之心爱人，用责人之心责己。中国有句话说"和为贵"，我要补充说，"和"也是效益，也是生产力。那么，"和"的基础是什么呢？我以为就是对差异的尊重，对"异己"的容忍。

不承认、不容忍有差异，反过来就是求同。有一个成语叫"求同存异"，实际上不少人是一味求同而无法容忍存异。求同，不能说是坏事，问题是怎样求同呢？"同"在什么标准之下呢？某些人的思维方式是：只能你和我同，假如我和你同，就等于我输了，我丢面子了。如此看来，"同"的标准是"我"，你和我"同"，便是对的，这造就了一群在淫威之下习惯于苟同的奴才；你不和我"同"，那有理也是错，更别说无理了。甲这么想，乙也这么想，于是就"窝里斗"，管他什么工作，管他什么是非，只要你"同"在我的麾下，一切好说，否则吹胡子、瞪眼睛，天翻地覆。

作为个人，一味地求同，排斥"异己"，既损害了事业，伤害了别人，也局限了自己，最终害了自己——一个热衷于"窝里斗"的人，一生怎能有建树可言！反之，奉行"差异哲学"，你容人，人容你，可以为自己创造一个绿色的人际环境，心情愉快，精力充沛，利人利己。如此，善莫大焉。

事业的误区：习惯性思维

我们以知识广博为荣，学富五车的人常常受到人们的尊敬。但如果所学知识都是鹦鹉学舌、人云亦云的货色，又有什么价值可言？花了几年十几年的时间钻研学问，唯独没有自己的东西，这不得不算是失败的人生。

怎样避免陷入人云亦云的误区？我以为，最重要的就是对真理的真诚。

我爱我师，更爱真理，就是要打破迷信，敢于质疑。质疑是创新的起点。许多科学发现都是从疑问开始的。比如，关于时间的同一性，多少年来一直被人们当作不言而喻的真理，可是爱因斯坦对它产生了疑问，进而深入研究这个问题，终于为相对论的建立找到了突破口。哥白尼对地心说的疑问，推动了他建立起日心说。

当然，我们提倡打破迷信，敢于质疑，并不是要人们去怀疑一切。怀疑也要建立在科学的基础上，盲目怀疑并不能发展为创新。

创新，还要有足够的自信。没有足够的自信，是很难打破迷信、大胆怀疑的。有人会说，从前那么多伟人都没发现的问题，我能发现吗？前人再伟大，也有鞭长莫及的地方。科学在发展，从前没有条件解决的问题现在条件成熟了；技术在进步，从前无法企及的领域现在可以进军了；时代在变化，从前没有出现的问题现在被提出来了……所有这些，都是我们大有可为的地方。我们需要的是振奋精神，打破自卑。

牛顿曾认为：光是由一道直线运动的粒子组成，即所谓光的"微粒说"。也许是由于牛顿的巨大权威吧，18世纪光学研究没有任何重要进展。1801年，一个勇敢的英国物理学家托马斯·杨站了出来，他说："尽管我仰慕牛顿的大名，但我并不因此非得认为他是万无一失的。我遗憾地看到他也会弄错，而他的权威也许有时甚至阻碍了科学的进步。"正是由于托马斯·杨破除迷信，没有被牛顿的权威所吓倒，大胆质疑，敢于创新，才能在建立光的"波动说"方面做出重要的贡献。

还没有登山之前脚就软了，那你就很难克服困难到达高耸的山顶。一个怀疑自己能力的人很少敢去怀疑书本，而一个从不怀疑书本的人是很难有什么创新的。具有较强的创新能力的前提是要有较强的创新意识，渴望创新；具有较强的创新意识的前提是要有足够的自信，勇于质疑。几乎每一个科学家都是非常自信的人。自信，可以使你勇于进攻，战胜困难；而严重的自卑感则会扼杀你的创造精神。创新是一种开拓性的工作，是走前人没有走过的路，不自信者是不能成为开拓者的。

此外，还要采用新方法，寻找新途径。英国科学家何非说过：

"科学研究工作就是设法走到某事物的极端，观察它有无特别现象的工作。"平常现象大家都见得多了，只有走到极端，观察一般人不太注意的现象，或创造条件使事物暴露特点，才容易有所发现。弗朗西斯·培根说过："正如在社会中，每一个人的能力总是最容易在动荡的情况下而不是在其他情况下发挥出来，所以同样隐蔽在自然中的事物，只是在技术的挑衅下，而不能在任其实行的游荡下才会暴露出来。"他所说的"技术的挑衅"，是指新途径、新工具、新方法。拉瓦锡推翻燃素学说，是因为他借助了许多化学家都没有重视的简单工具——天平；德国化学家本生和物理学家基尔霍夫能够发现新元素铯和铷，能够分析出太阳上的元素，是由于他们发明了一种奇妙的东西——分光镜；牛顿能发现太阳光由七色光组成，是因为他借助了三棱镜……由此可见，采用新技术、新方法、新途径观察事物、分析事物，是摆脱事业挫折的一个好办法。

人云亦云，从根本上说，是喜欢用一种固定的、习惯性的思路来考虑同类问题，这叫习惯性思维，它使人很难跳出旧的习惯和旧的框子，不能创新。人生要有事业，倘若事业不能创新，这不是一大挫折吗？因此，人云亦云，实当戒之！

催促无聊客人
"开路"及其他

有的挫折是有形的，有的挫折是无形的。就像一个人生病，既可以表现为长一个瘤，也可能表现为一种身心的虚弱。无形的挫折，往往表现在当事人日积月累的某种行为之中，而这些病态的行为常常造成其既定事业的挫折。比如说，务虚、清谈，染此恶习，甚至可以葬送一个人的前途。

所谓清谈，系指闲聊，俗称"摆龙门阵"，古时美其名曰"魏晋风度"，确有点源远流长。中国茶馆之多，恐怕亦与此有关。在一些老电影里，便可以看到如此场面：在光线幽暗的一片桌椅间，

碗碟叮当，青烟缭绕，有清谈癖的诸公们，仿佛有鸦片瘾的烟客，三五成群地叽叽喳喳，沉溺于摇唇鼓舌的乐趣之中，以至终日不散。

其实，假日或闲暇之余，亲朋好友偶尔轻松聚谈，亦为生活必要的调剂。可怕的是泛滥成灾，冲击其他。现在，旧式茶馆似乎渐少，但闲聊清谈之风，却像癌细胞一样任意转移，无穷扩散，以致形成一种潜在的公害。比如，除了办公室里的清谈、邻里间的串门外，据说又悄悄兴起了一种所谓的"慕名拜访"热。一些半生不熟，乃至素不相识的客人，可以突然造访，登堂入室，与主人进行上下五千年、纵横八万里的高谈阔论。且"一回生，两回熟"，以后便成常客，令人痛苦不堪。

这种毛遂自荐的"访客"，从表面上看很有点洒脱不拘的"现代"气息，但其实却是极旧的"魏晋风度"的返祖怪胎。

一位小有名气的作家曾谈过他的这种苦恼。他说，真正的拜访者倒也罢了，可厌的是那些浅薄的附庸风雅者。他们谬托知己，却言不及义，因此话不投机，常出现难堪的沉默，以至形成一种痛苦的重负。

他颇风趣地形容说，这种场面就像一架陈旧的织布机，在艰难的"嘎嘎"时，突然断了线头，却又不知从何接起，以至于手足无措，惶惑不已。这时，你只能努力保持尴尬的微笑，眼神却漫无目的地四方游动。倘若你会吸烟，你就会下意识地抓起烟盒，点燃了烟，然后深吸上一口。当然，最重要的是要赶紧打破沉默，在吐烟的时候随便吐出一句哪怕是毫无意义的废话，比如："你瞧，那花瓶缺了一角，是我儿子摔坏的。"这时，对方仿佛溺水中忽然飘来一根稻草，赶紧抓着："可不，我那儿子也够调皮的，前天就站在阳台上往下撒尿。"这样，彼此一笑（即便为彼此的可笑而笑），也会使气氛稍稍缓和，一时如释重负。

其实，真正的如释重负，是在你客气地将来客送出门之后。但是，他还会再来吗？久而久之，你甚至会对门铃声产生神经质的恐惧。

这位作家的感慨，是一种苦涩的幽默，一种无可奈何的悲哀。

照从前中国官场惯例，来客相见，仆役献茶，主人认为事情谈毕，端起茶杯，请客喝茶，来客一经喝茶，侍役便高声喊"送客"，主人也立起身来，准备送客。这位来客，只好告辞。照外国人的规矩，来客在办公室谈，事情谈毕，主人说声对不起，立起身来，与来客握手，说声再会，至多送到办公室门口，便不管了。

这种方法，对于讲人情的中国人来说有些生硬，似乎难以启齿。我们要催促客人动身，应该有更和缓的方法，既不得罪来客，又使来客不再留恋。

　　来客的事情谈毕了，还是不肯起身告辞，你可以故意抬起手臂，看你的手表，表示你有需要急办的事情；他仍不动身，你再看表，每次看表的时间距离越缩越短，他自会觉察你的神情，起身告辞。万一他还要问你："最近忙吗？"那你可以直截了当地回答："是的，很忙。对不起，我们改日再谈吧。"他自然不能不走了，这是一个方法。来客事情谈毕，你对他微微露了笑容，便说："好的，其他的话我们改日再谈吧。"立起身来与他握手，他自无法再留恋。有的朋友，在你送他出去的时候，他会边走边谈，谈到后来，竟会立着长谈，这种情形更使你发急，唯一的办法是，你要走在他的前面，一面与他谈话，一面往前开门恭候，他自不能多谈了，这是一个办法。来客久谈不去，你叫同事打电话给你，说是有要事待办，你高声地回答："知道，我就要来了！"来客一见你的事情很多，他一定不能再留恋了，这是一种方法。如果会客室内没有电话，你预先与同事或家人约定，过了若干时间，托人来催，说是有要事，至多连催两次，他一定起身告辞，这是一个方法。万一来客商谈的问题比较重要，必须现在谈妥，一催再催，他觉得局促不安，你可安慰他说："不要紧，我们把这个问题谈妥吧。"这个办法更容易使对方觉得你待他特别好，心里只有感激，不会误会，问题谈毕，自会起身告辞。

　　我们应该有勇气催促无聊的客人"开路"，拒绝清谈。但更重要的是，我们自己千万不要成为一个清谈家。华君武有一幅漫画《三个事后诸葛亮，顶不上一个实干臭皮匠》，立意新颖，切中时弊。俗话说："三个臭皮匠，顶个诸葛亮"，说明群众的集体智慧大于个人的才能。华君武的漫画，赋予这个俗语新的意义，推崇实干精神，反对清谈。在画中，"三个事后诸葛亮"和"一个实干臭皮匠"对比十分鲜明。那三个诸葛亮一面摇着羽扇，一面发着高论。其中一个脸上带着鄙夷的神色，似乎对周围的一切都不屑一顾；一个双目圆睁，好像正在怒斥别人的过错；一个则幸灾乐祸，流露出一种自鸣得意的神情。和这三个自以为神机妙算莫过于己的"事后诸葛亮"形成对照的，是那个"实干臭皮匠"。他神情专注，尤其是他嘴里衔着两根鞋钉，兢兢业业、勤勤恳恳的苦干精神，突现在我们面前。

芸芸众生中有许多看客，许多好谈、好说、好辩者，而鲜有行动的谦谦君子。多了清谈的"事后诸葛亮"，少了实实在在的补鞋匠。假如我们中国人不是消极地清谈、怨怼，而是崇尚实干，那么，我们生活其中的社会不是会变得更好了吗？生活在社会中的我们不是客观上少了许多挫折，凡事顺当得多了吗？

切勿恃胜而骄，
要让失败者保住面子

为人处事和战场交兵一样，胜败乃是常事。胜者难以久胜，败者也不大可能屡败，尤其是在双方力量旗鼓相当的情况下。因此，在一方一时获胜以后，如何对待失败的一方，是一个策略性很强的问题。以礼相待，以理服人，为人处事合情合理，可以息事宁人，两下罢兵，达到既定之目的。反之，盛气凌人，恃胜而骄，逼人太急，不给失败一方以应有的道义上的尊重，很容易迫使对方孤注一掷，再决雌雄。这样，胜者未必再胜，说不定还有前功尽弃的可能。《东周列国志》第五十七回写道，晋、鲁、曹、卫四国联合伐齐获胜之后，双方围绕着停战谈判开展的斗争，就说明了这方面的道理。

齐顷公在华不注山（今山东历城县东北）大败，亏得部将逢丑父与他更换了衣服，才得以"金蝉脱壳"。四国军队乘胜追击，深入齐国境内四百多里，眼看就要打到齐国的都城临淄了。齐顷公无奈，打发大将国佐携带两件珍贵瓷器去见晋军主帅郤克，要求停战，并答应退还侵占的鲁、卫两国的土地。国佐毕恭毕敬，郤克盛怒以待。郤克说："你们国家亡在旦夕，还想用花言巧语来行缓兵之计？要是真心求和，必须答应我两件事。一是让萧太后到晋国做人质；二是把齐国的耕地垄沟全部改为东西向。这样到时候你们违背了盟约，我们就杀死人质，大军自西而东，顺势而下，直达临淄。"国佐听了，勃然发怒道："元帅，你的算盘打错了。萧太后乃齐之国母，自古以来哪有国母当人质的道理？至于田地的垄沟，皆顺其自然定势而定，如按你说的一定要改成东西向，晋国随时可找借口来攻，那跟亡国有什么两样？你以此相难，想必是不答应讲和了？"郤克得意扬扬地说："我不答应，你们又敢怎么样？"国佐道："你不要欺人太甚！齐国尚有兵车千乘，诸君私自拥有的兵车也有数百，部队主力尚存。你不讲和，我们就再决战，如再败，就打第三仗，即使三仗俱败，至多是亡国，又何必拿国母当人质，改变垄沟的方向呢？"国佐说完，把瓷器摔碎，愤然离去。

鲁、卫两国的主将季孙行父、孙良夫在帐后听了这段对话，匆忙出来对郤克说："齐国恨吾等深矣，必定会拼死作战的。有道是兵无常胜，我们还是答应讲和吧。"郤克也觉得刚才言辞过激，

恼了国佐，便派人硬把国佐拉了回来，赔了礼、道了歉，签订了停战协定。一场剑拔弩张、颇具火药味的外交斗争，最后以齐国的胜利而告终。

胜者荣耀败者耻，失败一方蒙受耻辱的滋味是不好受的。他们表面上可以忍气吞声（比如越王勾践），内心则充满了不服和积愤。只要时机成熟，就会东山再起，泄恨雪耻。齐国的国佐，奉齐王之命，带着礼物去求和，并不是心甘情愿的。当郤克反唇相讥，对齐国进行要挟时，当然会激起国佐强压在内心深处的怒火，于是发誓要重整旗鼓，再决雌雄。从一定意义上说，战火欲再燃的导火线，正是被盛气凌人、恃胜而骄的郤克点燃的。

齐、晋在当时都是第一流的诸侯大国，鲁、卫、曹等中小诸侯不过是借助晋国的实力与齐国抗衡的。这几个中小国从自己的实力、地位出发，与齐国为敌不能不心有余悸。等晋国把部队一撤走，就该轮着他们倒霉。所以当郤克逼得国佐山穷水尽，愤然而去之时，鲁、卫等国的将领急忙出来打圆场，恳求郤克与齐国媾和。

事实证明，交战失败在将帅及民众心灵上留下的创伤是很难愈合的。尽管晋、鲁、卫、曹等国与齐国罢兵休战，但齐国人心里并不服气。齐顷公耻其兵败，吊死问丧，恤民修政，志欲报仇。后来还是晋国感到事情不妙，恐怕齐国侵伐，乃托言齐国恭顺可嘉，让鲁、卫等国把曾经被齐国占后又收回的土地再退还给齐国。自此以后，诸侯们觉得晋国无信无义，渐渐离心。看看，恃胜而骄一旦激起对方的怒火，要平息是何等不易。一时的趾高气扬，羞辱对方，又是多么得不偿失。

真正的伟人善于让失败者保住面子，绝不会盛气冲天，出口伤人。

1922年，土耳其人同希腊人经过几个世纪的敌对之后，终于将希腊人逐出领土。土耳其最终获胜。

当希腊的迪利科皮斯和迪欧尼斯两位将领前往凯末尔总部投降时，土耳其士兵对他们大声辱骂。但凯末尔却丝毫没有显现出胜利的骄气。他握住他们的手，说："请坐，两位先生，你们一定走累了。"

然后，在讨论了投降的有关细节之后，凯末尔安慰这两位失败者，他以军人对军人的口气说："两位先生，战争中有许多偶然的情况，有时最优秀的军人也会打败仗。"

凯末尔在全面胜利的兴奋中，为了长远的利益，仍然记着这重要的信条：不盛气凌人，不恃胜而骄，而是让别人保住面子。

战争的例子具有象征意义。即便是日常平凡的生活，无论顺境逆境，都不应心存盛气，而应平等待人，此乃避免挫折的理性之道。

倘若"绝缨会"上
烛灯大明……

《东周列国志》第五十一回描述了脍炙人口的"绝缨会",是公元前605年发生在楚国的一个真实故事。

楚庄王平定了斗越椒的反叛之后,设宴招待群臣,名曰"太平宴"。这天,楚国的文武百官俱来赴席,直喝到日落西山,兴尚未已。庄王命掌灯继续欢饮。当大家带几分酒意的时候,庄王把他最宠爱的许姬叫出来为大家敬酒。突然,一阵风吹灭了堂烛。席上一人见许姬美貌异常,趁黑灯瞎火之际,暗中扯她的衣裙,拉她的手。许姬倒也厉害,她左手绝袂,右手顺势将那人的帽缨揪了下来。许姬取缨在手,趋步走到庄王跟前,附耳奏道:"妾奉大王命敬百官酒,其中一人无礼,乘烛灭,强牵妾袖。妾已揽其缨在手,大王快命人点烛,看看是谁干的!"庄王听罢,急命掌灯者:"切莫点烛!寡人今日要与诸卿开怀畅饮,大家统统绝缨摘帽,喝个痛快。"当一头雾水的文武官员皆去缨之后,庄王才命令点烛掌灯。于是,那个调戏许姬的人便被遮掩过去了。

散席之后，许姬不解地问庄王："男女之间有严格的界限，况且我是大王您的人。您让我给诸臣敬酒，是对他们的恩宠。有人竟敢当着您的面调戏我，这是对您的侮辱，您不但不察不问，反而替那人打掩护，这怎么肃上下之礼、正男女之别呢？"庄王笑着说："这你妇道人家就不懂了。你想想，今天是我请百官来饮酒，大家从白天喝到晚上，大多带几分醉意了。酒醉出现狂态，不足为奇。我如果按你说的把那个人查出来，显了你的贞节却冷了大家的场。让群臣不欢而散，那可不是我举办这个宴会的目的。"许姬听了庄王的一番道理，十分佩服。从此，后人把这个宴会叫作"绝缨会"。

调戏君王的宠姬，无疑是对君王的羞辱。这在奴隶社会和封建社会里，属于大逆不道的行为。谁要是犯下了这方面的罪过，定是在劫难逃。楚庄王能原谅属下的不轨，还设法替他打马虎眼，确实是有胸怀和度量的。

有句民谚叫"宰相肚里能撑船"。传说是一位宰相的小老婆与宰相的秘书私通，当两人在房内卿卿我我、窃窃私语时，被宰相在窗外听到了。这位老大人一怒之下，本想闯进去捉奸，后一转念，自己年纪大了，怎能满足正当妙龄的小老婆，再说这位秘书是位得力智囊，还是不要把矛盾激化吧。想到这里，便悄悄地躲开了。为了防止他们继续胡闹，老宰相借八月十五赏月之际，用吟诗的方式向他们提出警告。这位秘书倒也聪明绝顶，即以"宰相肚里能撑船"的诗句和之，吹捧宰相的宽宏大量。

楚庄王作为一国之君，同这位传说中的宰相一样，他之所以"绝缨"，主要是基于策略上的考虑。权衡利弊，顾全自己及宠姬的脸面同巩固政权比起来，前者事小，后者事大。因妇人之见而失去群臣的拥戴之心，那是得不偿失的。

楚庄王这一招，收到了意想不到的好效果。《东周列国志》第五十三回中讲道，楚师伐郑，前部主帅襄老的副将唐狡，自告奋勇率百余人充当先锋，为大军开路。唐狡力战，攻无不克，战无不胜，使楚军进展顺利。庄王嘉奖襄老，襄老说："这都是唐狡的功劳。"庄王要厚赏唐狡，唐狡不好意思地说："我怎么还敢讨赏呢？'绝缨会'上牵美人的罪犯就是我呀！蒙大王昔日不杀之恩，今日才舍命相报。"楚庄王感叹："如果当时明烛治他的罪，今天怎么会有人效死杀敌啊！"

历史上，大凡能成就一番事业的雄略之主，一般都具有超人的战略远见和博大的胸怀。例如，春秋时期的首霸齐桓公，刚即位时不计管仲一箭之仇，毅然接受鲍叔牙的推荐，任命管仲为相。唐太宗李世民在夺得政权之后，不计前怨，重用以前的政敌魏徵，把他提拔为宰相，视为明镜。可以推断，管仲权倾朝野，对齐桓公岂能不殚精竭虑，肝脑涂地？魏徵得遇明主，岂能不尽心尽职，为"贞观之治"贡献聪明才智？同样，楚庄王能顺利平定内乱，复取伯业，成为春秋五霸之一，与他宽宏大量、不因小失大有很大的关系。

"将相和"与"窝里斗"

常言道：和为贵。古往今来，成大事者无不深谙此道。反之，搞"窝里斗"，必定两败俱伤，自己既遭了挫折，又害了他人。

《东周列国志》在第九十六回中，以对比的手法，生动形象地描写了赵国相国蔺相如与大将廉颇的事迹。自蔺相如在渑池会上羞辱秦王和"完璧归赵"以后，赵惠文王更加信任和爱慕他的智勇，遂拜为上相，位居廉颇之上。廉颇不服气，认为自己是赵国的大将，"有攻城野战之大功"；蔺相如出身微贱，只是以口舌微劳而居高位。廉颇对其门客扬言："今见相如，必击杀之！"蔺相如闻知此情，不愿与廉颇见面。每遇出朝，便称病不往，不肯出席。偶一日，蔺相如乘车外出，正好碰上廉颇的车子对面驶来，就赶忙吩咐赶车的人避匿于傍巷之中，待廉颇车过方出。蔺相如的门客见他对廉颇步步退让，打抱不平，认为他胆小怕事，畏惧廉颇。蔺相如劝门客说："当今秦王之威，天下诸侯都不敢相忤，而我蔺相如却敢在朝廷上当众叱骂之，怎么唯独害怕廉将军呢？我想到，秦国之所以不敢攻打赵国，是因为有我和廉将军在的缘故，如果我俩争斗，那就危险了。我对廉将军一再退让，是把国家安危放在首位，不去计较个人恩怨。"门客听后，个个心悦诚服，更加尊敬蔺相如了。后来，赵国的一位名士虞卿向廉颇讲述了蔺相如的恢宏大度和"将相和"的重要性。廉颇反省有悟，深感惭愧，觉得自己狂妄无知，心胸狭窄。于是，他赤露上身，背着荆条到蔺相如家谢罪。廉颇跪倒在地，眼泪纵横，连连向蔺相如赔礼道歉，求其用荆条抽打他。蔺相如连忙扶起廉颇，两人结为生死之交。从此，他们同舟共济，互谅互让，亲如兄弟。赵国的将相之和，一时名闻列国，威震四方，连强大的秦国也不得不对赵国有所顾忌。

"将相和"的故事，表现了蔺相如"引车趋避"的可贵品质和廉颇"负荆请罪"的自我批评精神。书中写道，蔺相如谈自己为什么向廉颇避让时，讲了一段精辟的话："顾吾念之，强秦所以不敢加兵于赵者，徒以吾两人在也。今两虎共斗，势不俱生，秦人闻之，必乘间而侵赵。吾所以强颜引避者，国计为重，而私仇为轻也。"一番真知灼见，从国家兴亡和军队胜败出发，这便是文武相睦的思想基础。

假如廉颇、蔺相如搞"窝里斗"，又当怎样？《战国策》中有一个"两败俱伤"的故事，就是很好的说明：

齐宣王要去攻打魏国，淳于髡对齐宣王说："你知道韩子卢和东郭逡的故事吗？韩子卢是天下的良犬，东郭逡是海内的狡兔。韩子卢追东郭逡，绕着山腰追了三圈，跨过山冈追了五次。在前面跑的兔子，跑得疲乏极了；在后面追赶的狗，也赶得万分困倦。结果全都累死在山脚下了。有个农夫跑来，不花丝毫气力，就把狗和兔子全都拾了去。如今如果齐国和魏国双方争持得太长久了，就会把兵士弄得困倦，同时也加深了人民的痛苦。我们背后，还有强大的秦国和楚国呢！假使我们去攻打魏国，我看他们也会和那个农夫一样，来享受意外的收获。"齐宣王听了，心中害怕起来，就不再去打魏国了。

"鹬蚌相争，渔翁得利"，我们可以不管渔翁得不得利，但我们不能不考虑"窝里斗"带来的两败俱伤的可悲结局。

"窝里斗"是一个贬义词，是"争斗"的近义词，指在一个小环境里有限的几个人之间的病态竞争，组织内部成员出现内讧、不团结、起冲突，相互打击，使内部矛盾变成敌对关系，而且这些矛盾的实质不具有正义、理智、公平等实际意义，跟胡闹差不多。中国有一句谚语叫"出头的椽子先烂"。当一个人获得成功并超越了别人的时候，他们身边的人不是想着该怎么奋起直追，而是首先想着该怎么把他拖下来。这其实是一种深度扭曲的自卑心理引起的，不利于民族人格的健康发展和社会的整体进步。

某君在美国纽约打工的时候，听到这样一则故事：年底，美国老板欲给工人加薪，数额颇大——每人五百美元，但他规定：每组只加一人，具体加给谁，由各组民主讨论后决定。这间工厂的工人大都来自亚洲，故分为日本组、越南组、韩国组、中国组……通知下达后，秘书小姐要求各组下班前报上加薪名单。日本组最快，几分钟就定出了名单，送给老板一看，老板很满意，此人正是他意料中的人选——技术高、速度快；越南组报上来的是一个技术中等、工资最低的可怜人；韩国组也报上来了，是一个技术最差、人缘特好的和事佬，对此老板摇摇头，无可奈何。中国组迟迟不报，快下班的时候，秘书小姐再去催促，结果却是：中国人不要加薪！老板听了大吃一惊，亲自到中国组了解，终于真相大白：原来中国组的五个人已经讨论了半天，争得面红耳赤，互不相让。他们向老板提出："要么平均分配，每人加一百，要么大家都不加！"老板生气地把手一挥，取消了中国组的加薪。一些外国老板得出结论：聘请中国人最好单独使用，几个人在一起就会起内讧。

　　这个故事最重要的一点，是它揭示了中国人喜欢"窝里斗"的习性。"窝里斗"不仅耗掉了许许多多社会资源，也耗掉了我们太多的个人精力，甚至宝贵的生命。减少内耗，我们的路会更顺畅，生活会更美好，未来也会更辉煌。

保持健康，既是对自己的义务，也是对社会的义务

法国著名作家雨果才华横溢，二十岁开始发表作品，二十九岁就创作了纪念碑式的长篇小说《巴黎圣母院》，轰动了法国文坛。以后他又创作了一系列的戏剧、诗歌、小说。可是，正在他激情奔放的时候，心脏病恶性发作了，这时他正好四十岁。

看见雨果发青的脸色、沉重的喘息，人们惋惜万分，说："唉，这颗巨星将要陨落了。"

作家并不悲观，他在医生的监督下，开始进行体育锻炼，每天清晨出外散步、做操、打拳、跑步、游泳、爬山……雨果的身体渐渐好转，体

质增强了。他又获得充沛的精力，重新拿起了笔。这期间，他虽然因反对路易·波拿巴的反革命政变而被迫流亡国外，但仍不忘锻炼身体。当他六十岁时又创作了《悲惨世界》这部世界文学名著；八十二岁那年，还写了一部戏剧《笃尔克玛》。雨果四十岁时得了心脏病，最后却成了长寿者，人们惊叹不已，说："这真是个奇迹！"

奇迹是怎么来的呢？体育锻炼。

没有好的身体，弱不禁风，往往造成事业的挫折，断送了美好的理想。在古今中外，可以看到很多令人惋惜的人才：

唐代著名诗人李贺二十七岁夭折；

挪威数学家阿贝尔二十七岁死于肺结核；

在俄罗斯作家中，契诃夫活了四十四岁，果戈理活了四十三岁，别林斯基活了三十七岁，杜勃罗留波夫活了二十五岁；

古代著名政治家诸葛亮活了五十三岁。杜甫在怀念这位政治家时写道："出师未捷身先死，长使英雄泪满襟。"

可以设想，如果这些杰出人才能够具备一副健壮的身体，那么，他们对人类的贡献该有多么巨大？

与此形成鲜明对照的，是一些身体健康、

寿命较长，充分发挥了他们杰出才能的人：

列夫·托尔斯泰活了八十二岁。《战争与和平》《安娜·卡列尼娜》《复活》等名著是其三十六岁之后的作品；

才思敏捷的萧伯纳活到九十四岁的高龄；

我国古代著名诗人陆游八十五岁辞世，六十多岁耳聪目明，一生写诗达万余首；

法国女钢琴家格丽玛沃一百零四岁再度登台演奏。

两种现象说明了一个共同的问题，得出一个共同的结论：健康是事业之母。有句阿拉伯谚语说得好："有两种东西丧失后才发现它们的价值——青春和健康。"

生命在于运动，世界上任何药物都不能代替运动的作用。运动可以使疲劳的大脑细胞得到休息，可以使整个神经系统的稳定性、灵活性及反应能力得到提高；其次，运动可以使人体新陈代谢更加旺盛，强化身体各器官的功能；第三，由于整个身体素质提高了，从而增强了人体抵抗各种病菌侵害的机能。

国外一些医学专家认为，当代人的基本问题之一是"缺乏运动"。这是因为，农业社会中人类的劳动百分之九十四是靠肌肉的力量完成的，百分之六靠机器；而当下则百分之一靠肌肉，百分之九十九靠机器。这样一来，忽视体育锻炼的情况较为普遍，而一般的立志成才者，大都有案牍劳形之苦，因此更应重视体育锻炼。

摆脱挫折的努力方向，应该是达到脑力与体力的平衡。居里夫人认为"科学的基础是健康的身体",她从小喜欢游泳,能够搏风击浪遨游大海。年逾花甲后,有次到巴西讲学,还能在讲学之余到大海里挥臂畅游。这一指导思想,在她教育孩子上也体现出来。她喜欢教他们游泳,陪他们骑自行车郊游,鼓励他们到体操学校学习,在家时为他们架秋千、悬吊环。她还带他们夜宿野外,骑马登山。居里夫人的目的,不只在于锻炼孩子的身体,还在于锻炼他们的胆魄。她喜欢他们的大胆,不怕黑、不怕打雷、不怕贼。

在现实生活中,我们常常可以看到一些本来很有才华的人,因为身体很不好,壮志难酬,遗恨终天。每一个有志为振兴中华贡献青春的人,都应该立下这样的志愿,为祖国健康工作五十年。由于科学技术的日益发达,人类战胜疾病的能力日益提高。因此,实现这样的目标并不是不可能的。

世界上没有比古铜色的肌肉和有光泽的皮肤更美丽的衣裳了,而这一切都源于健康。保持健康,就保证了自己立于不败之地的可能性;保持健康,既是对自己的义务,也是对社会的义务。